Forschungsberichte · Band 68

**Berichte aus dem
Institut für Werkzeugmaschinen
und Betriebswissenschaften
der Technischen Universität München**

Herausgeber: Prof. Dr.-Ing. J. Milberg

Helmut Schwarz

Simulationsgestützte CAD/CAM-Kopplung für die 3D-Laserbearbeitung mit integrierter Sensorik

Mit 96 Abbildungen

Springer-Verlag
Berlin Heidelberg GmbH 1994

Dipl.-Ing. Helmut Schwarz
Institut für Werkzeugmaschinen und Betriebswissenschaften (iwb), München

Dr.-Ing. J. Milberg
o. Professor an der Technischen Universität München
Institut für Werkzeugmaschinen und Betriebswissenschaften (iwb), München

D 91

ISBN 978-3-540-57577-1   ISBN 978-3-662-09909-4 (eBook)
DOI 10.1007/978-3-662-09909-4

Geleitwort des Herausgebers

Die Verbesserung der Fertigungsmaschinen, der Fertigungsverfahren und der Fertigungsorganisation im Hinblick auf die Steigerung der Produktivität und die Verringerung der Fertigungskosten ist eine ständige Aufgabe der Produktionstechnik. Die Situation in der Produktionstechnik ist durch abnehmende Fertigungslosgrößen und zunehmende Personalkosten sowie durch eine unzureichende Nutzung der Produktionsanlagen geprägt. Neben den Forderungen nach einer Verbesserung von Mengenleistung und Arbeitsgenauigkeit gewinnt die Steigerung der Flexibilität von Fertigungsmaschinen und Fertigungsabläufen immer mehr an Bedeutung. In zunehmendem Maße werden Programme, Einrichtungen und Anlagen für rechnergestützte und flexibel automatisierte Produktionsabläufe entwickelt.

Ziel der Forschungsarbeiten am Institut für Werkzeugmaschinen und Betriebswissenschaften der Technischen Universität München (iwb) ist die weitere Verbesserung der Fertigungsmittel und Fertigungsverfahren im Hinblick auf eine Optimierung der Arbeitsgenauigkeit und Mengenleistung der Fertigungssysteme. Dabei stehen Fragen der anforderungsgerechten Maschinenauslegung sowie der optimalen Prozeßführung im Vordergrund. Ein weiterer Schwerpunkt ist die Entwicklung fortgeschrittener Produktionsstrukturen und die Erarbeitung von Konzepten für die Automatisierung des Auftragsdurchlaufs. Das Ziel ist eine Integration der technischen Auftragsabwicklung von der Konstruktion bis zur Montage.

Die im Rahmen dieser Buchreihe erscheinenden Bände stammen thematisch aus den Forschungsbereichen des iwb: Fertigungsverfahren, Werkzeugmaschinen, Fertigungs- und Montageautomatisierung, Betriebsplanung sowie Steuerungstechnik und Informationsverarbeitung. In ihnen werden neue Ergebnisse und Erkenntnisse aus der praxisnahen Forschung des iwb veröffentlicht. Diese Buchreihe soll dazu beitragen, den Wissenstransfer zwischen dem Hochschulbereich und dem Anwender in der Praxis zu verbessern.

Joachim Milberg

Vorwort

Die vorliegende Dissertation entstand während meiner Tätigkeit als wissenschaftlicher Mitarbeiter am Institut für Werkzeugmaschinen und Betriebswissenschaften (iwb) der Technischen Universität München.

Besonders danken möchte ich Herrn Prof. Dr.-Ing. J. Milberg, dem Leiter des Instituts, der mir die Bearbeitung der Thematik ermöglichte und durch kritische Anregungen und wertvolle Hinweise meine Arbeit stets wohlwollend unterstützte.

Herrn Prof. Dr. G. Habenicht, dem Leiter des Lehrstuhls für Fügetechnik der Technischen Universität München, danke ich für die Übernahme des Koreferats und die aufmerksame Durchsicht der Arbeit.

Schließlich möchte ich mich bei allen Mitarbeiterinnen und Mitarbeitern des Instituts, insbesondere den Kollegen der "Lasercrew", sowie allen Studenten, die mich bei der Erstellung der Arbeit unterstützt haben, recht herzlich bedanken.

Ein besonderer Dank gilt meiner Frau Heidi und meinen Eltern, die durch ihre Geduld und ihr Verständnis zum Gelingen dieser Arbeit beitrugen.

München, im September 1993 *Helmut Schwarz*

Inhaltsverzeichnis

1   Einleitung

1.1   Der Laser als neues Werkzeug in der Produktion

Seit der Entdeckung des Lasers 1960 durch Dr. Maiman konnte sich diese neuzeitliche Lichtquelle mit ihren faszinierenden Eigenschaften über die Laboratorien der Physiker hinaus in vielen Bereichen der Industrie einen festen Platz erobern [STEE 91, HERZ 92]. Der Laser hat sich vom ausschließlich wissenschaftlichen Gerät zum äußerst vielseitigen Werkzeug gewandelt. Abgesehen von den Entwicklungen in der Halbleitertechnologie hat wohl kaum eine andere Technologie in den letzten Jahrzehnten soviel Aufmerksamkeit erregt und derart rasante Entwicklungen in der Physik, Medizin und Technik eingeleitet wie der Laser [BEYE 92]. Aus der großen Palette der Laseranwendungen erlangt vor allem die Materialbearbeitung für den Maschinenbau ständig wachsende Bedeutung.

In der Materialbearbeitung kommen Laser zum Einsatz, die eine Ausgangsleistung von u.U. mehreren kW besitzen. Dort wird der Laser als neues, universell einsetzbares Werkzeug in der Produktionstechnik immer mehr als eine Schlüsseltechnologie der Zukunft angesehen, der die klassischen Werkzeugmaschinen um ein innovatives, vielseitig einsetzbares Werkzeug ergänzt [MILB 92C].

Einige Hauptanwendungsbereiche in der Materialbearbeitung sind in Bild 1-1 dargestellt. Den höchsten Entwicklungsstand haben derzeit in der Materialbearbeitung Systeme für Schneidanwendungen. Das Schneiden nimmt mit über 60% der weltweiten Anwendungen den größten Anteil ein. Es folgen das Beschriften mit 12% sowie das Schweißen und die Feinbearbeitung mit 9% bzw. 10%. In Deutschland ist das Verhältnis zu Gunsten der Beschriftung (43%) verschoben. Das Brennschneiden liegt mit etwa 39% an zweiter Stelle, gefolgt vom Schweißen (10%) [MEYE 91].

Die Motive für den Lasereinsatz lassen sich neben den vielfältigen Einsatzmöglichkeiten prinzipiell in produkt- und produktionsorientierte Zielsetzungen unterteilen (vgl. Bild 1-2). Erreicht werden diese Ziele durch die vielen technischen und organisatorischen Vorteile, die sich bei einer Bearbeitung mit Lasern ergeben [OLAI 92].

- Der Laser arbeitet berührungslos, er unterliegt daher keinem Verschleiß und übt keinerlei mechanische Beanspruchung auf das Werkstück aus.

- Durch die sehr hohe Leistungsdichte im Fokuspunkt sind hohe Bearbeitungs-geschwindigkeiten mit einer nur kleinen Wärmeeinflußzone möglich. Dadurch hält sich der Verzug von Werkstücken in engen Grenzen.

- Durch die hohen Bearbeitungsgeschwindigkeiten läßt sich eine Verkürzung der Bearbeitungs- bzw. Durchlaufzeiten (DLZ) erreichen.

- Im allgemeinen liefert die Laserbearbeitung Bearbeitungsergebnisse von hoher Qualität, so daß in vielen Fällen auf eine Nachbearbeitung verzichtet werden kann, was zu einer Senkung der Herstellkosten beiträgt.

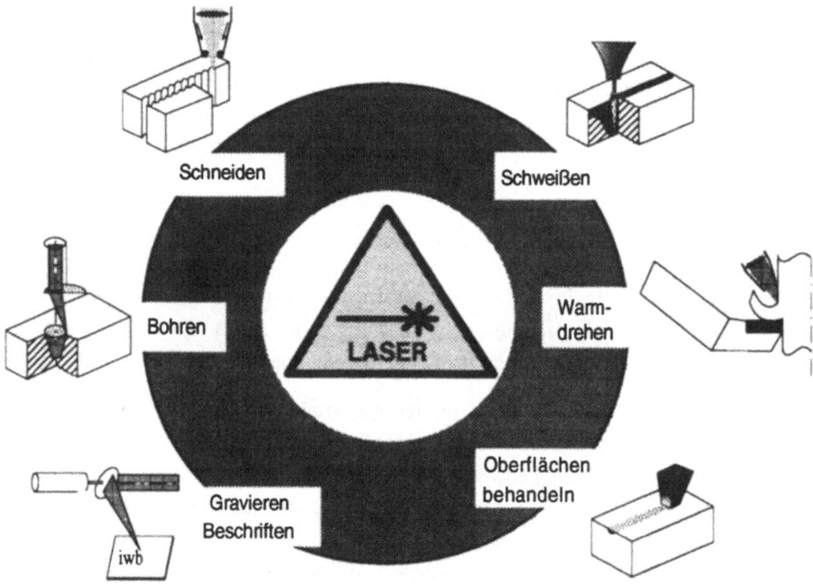

Bild 1-1:   Haupteinsatzgebiete des Lasers in der Produktion

- Der Laser bietet eine hohe Einsatzflexibilität hinsichtlich der möglichen Be-arbeitungsverfahren. So kann man eine Anlage z.B. sowohl zum Schweißen, als auch zum Schneiden verwenden. Ein weiterer organisatorischer Vorteil besteht in der Tatsache, daß für das Schneiden keine werkstückspezifischen Werkzeuge notwendig sind, da die Bearbeitungskontur sich rein programm-gesteuert bestimmen läßt [HEEK 91].

- Mit dem Laser lassen sich die verschiedensten Werkstoffe bearbeiten. Dazu gehören beispielsweise Metalle, Kunststoffe, Papier oder auch sehr harte Materialien (Keramik, Kristalle, Sonderstähle) [VDI 92B].

- Durch das Verschweißen verschiedener Materialarten, -stärken und -beschichtungen können Bauteileigenschaften erzielt werden, die zu einer verbesserten Sicherheit, Qualität sowie zu einer Gewichteinsparung führen [BAYS 92].

Bild 1-2:   Ziele des Lasereinsatzes in der Produktionstechnik

- Die hohe Flexibilität des Werkzeugs Laser ermöglicht kürzere Reaktionszeiten auf Marktanforderungen bei gleichzeitig guter Automatisierbarkeit.

- Durch die systemimmanente Flexibilität und gute Automatisierbarkeit ist der Laser geradezu prädestiniert für die Einbindung in die rechnerintegrierte Fertigung (CIM) [MILB 92B].

Entsprechend den vielfältigen Einsatzmöglichkeiten muß auch die Relativbewegung zwischen Strahlwerkzeug und Werkstück in hohem Grade den wechselnden Einsatzbedingungen nachkommen. Dazu bieten sich für die räumliche (3D)-Laserbearbeitung idealerweise frei programmierbare Handhabungsgeräte, also Roboter an. Die Laserbearbeitung mit Robotern wird nach [GARN 92B] mit Laserrobotik bezeichnet. Neben Portalrobotern werden zunehmend auch Industrieroboter mit Rotationsachsen (Knickarmroboter) eingesetzt. Im Gegensatz zur Bearbeitung von ebenen und rotationssysmmetrischen Bauteilen mit 2D-Führungsmaschinen konnte sich die Laserrobotik im Bereich der räumlichen Bearbeitung noch nicht auf breiter industrieller Basis durchsetzen. Dies liegt an den schwierigen wirtschaftlichen und technischen Randbedingungen, die sich bei der räumlichen Bearbeitung ergeben.

Die Einhaltung der geforderten Bahngenauigkeit bei gleichzeitig hohen Vorschubgeschwindigkeiten wird bei Laserrobotern oft in Frage gestellt [WAHL 90]. Desweiteren verursachen die immer komplexer werdenden Anwendungsaufgaben einen hohen Zeitaufwand bei der Programmierung. Die meisten 3D-Anwendungen werden direkt an der Anlagensteuerung programmiert [SCHW 91E]. Die Folge sind geringe Hauptnutzungszeiten und eine Einschränkung der Flexibilität, die der Laser als Werkzeug bietet, was den Produktionsprozeß durch die unbefriedigende Auslastung der Laseranlagen verteuert. Dies führt zu Stillstandszeiten an den Anlagen und somit zu hohen Kosten, was dem wirtschaftlichen Lasereinsatz entgegen steht.

Eine Verbesserung dieser Situation und weitere Integration der Laserrobotik in die rechnergestützte Produktion kann nur erreicht werden, wenn auch die Planungs- und Fertigungshilfsmittel, z.B. Programmier- und Sensorsysteme, den Anforderungen der Lasertechnologie entsprechen [MILB 92C]. Hier gibt es noch große Probleme und Defizite, so daß Standardlösungen derzeit noch nicht angeboten werden können.

1.2 Einordnung und Abgrenzung des Aufgabengebietes

Um die laserspezifischen Vorteile voll zu nutzen, muß neben der Entwicklung, Auslegung und Optimierung von Lasersystemen eine an Verfahrensketten orientierte Integration des Lasers in die Fabrikumgebung erfolgen (vgl. Bild 1-3). Dabei ergeben sich vielfältige Anforderungen an die jeweiligen Teilsysteme in den verschiedenen Unternehmensbereichen.

Im Rahmen dieser Arbeit soll der Teilaspekt der durchgängigen Verfahrenskette von der Konstruktion (CAD) über die Arbeitsplanung (CAP) in die Produktionsebene (CAM) realisiert werden. Weitere wichtige Teilbereiche wie Vertrieb oder Produktionsplanung (PPS), die von der Integration des Lasers ebenfalls betroffen sind, werden in dieser Arbeit nicht berücksichtigt.

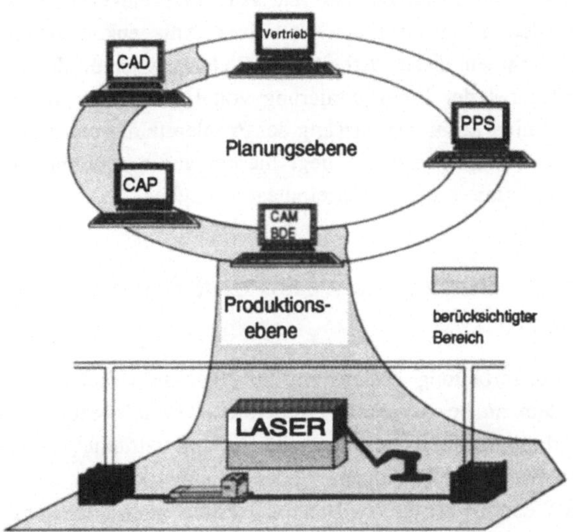

Bild 1-3:   Integration des Lasers in die Fabrikumgebung

Allgemein wird unter CAD/CAM-Kopplung im wesentlichen eine CAD/NC-Kopplung verstanden, die sich auf die automatisierte Umsetzung der Konstruktionsdaten in NC-Steuerdaten beschränkt [RÜHL 87, WARN 87]. Im Rahmen dieser Arbeit wird als CAD/CAM-Kopplung die Verfahrenskette CAD/CAP/CAM bezeichnet, in die neben der rechnergestützten Programmerstellung zusätzlich die grafische Simulation und sensorgestützte Ausführung der Steuerungsprogramme integriert ist.

Bei dieser CAD/CAM-Kopplung werden diejenigen Anforderungen berücksichtigt, welche sich aus der Kombination des Lasers mit Knickarmrobotern und den Laserbearbeitungsverfahren Schneiden und Schweißen ergeben.

2   Grundlagen und Stand der Technik

Die Integration des Lasers in die Produktion setzt Kenntnisse in der Anwendung der Lasertechnologie voraus. Dieses Kapitel soll daher eine Übersicht über Aufbau, Funktionsweise, Einsatzgebiete und Wirtschaftlichkeit von Laseranlagen geben. Dabei werden jedoch nur die Aspekte bzw. Anlagenkomponenten berücksichtigt, die im Rahmen dieser Arbeit von Bedeutung sind. Zudem wird der Stand der Technik bei der Programmierung von Laseranlagen dargestellt. Abschließend erfolgt eine Zusammenfassung der Problemfelder und Defizite bei der Laserbearbeitung. Der Schwerpunkt liegt hierbei auf den Problemfeldern, die sich bei der Programmierung von Laseranlagen ergeben.

2.1   Aufbau, Funktionsweise und Einsatz von Laseranlagen

Die Lasermaterialbearbeitung basiert auf der Wechselwirkung zwischen dem Laserlicht und dem zu bearbeitenden Werkstück. Grundlegende Voraussetzung zur Materialbearbeitung mit Lasern ist, daß die Laserstrahlung mit einer definierten Intensitätsverteilung auf einen Werkstoff einwirken kann, um diesen zu erhitzen. Diese Wechselwirkung zwischen Laserlicht und Werkstück liegt dem Bearbeitungsprozeß zugrunde. Je nach Leistungsdichte und Dauer der Einwirkung wird das Material erhitzt (Oberflächenbehandlung), geschmolzen (Schneiden, Schweißen, Umschmelzen) oder verdampft (Sublimationsschneiden, Abtragen) [BART 83, HERZ 83, HÜGE 92].

Die zur Durchführung der Laserbearbeitung notwendigen Hauptkomponenten von räumlichen Laseranlagen lassen sich, wie in Bild 2-1 dargestellt, einteilen in die Laserquelle zur Strahlerzeugung, die Strahlmanipulation und die Handhabungsgeräte.

Das Kernstück einer jeden Laseranlage ist das **Lasergerät**. Es besteht aus dem aktiven Medium, einer Quelle für die Pumpenergie, einem optischen Resonator und einem Kühlsystem. Das aktive Medium emittiert nach der Anregung durch die Pumpquelle die Laserstrahlung und verstärkt sie. Der Resonator bewirkt, daß das Licht mit einer bestimmten Intensitätsverteilung in einer Richtung ausgestrahlt wird. Das Kühlsystem führt die auftretende Verlustwärme ab.

Der Laserstrahl wird mit Spiegeln oder Lichtwellenleitern an den Wirkort geführt. Hier wird durch Fokussieroptiken die für den Bearbeitungsprozeß notwendige Strahlgeometrie erzeugt. Die Kombination aus Strahlführungssystem und Strahlformungsvorrichtungen wird **Lasersystem** genannt [KÖNI 90].

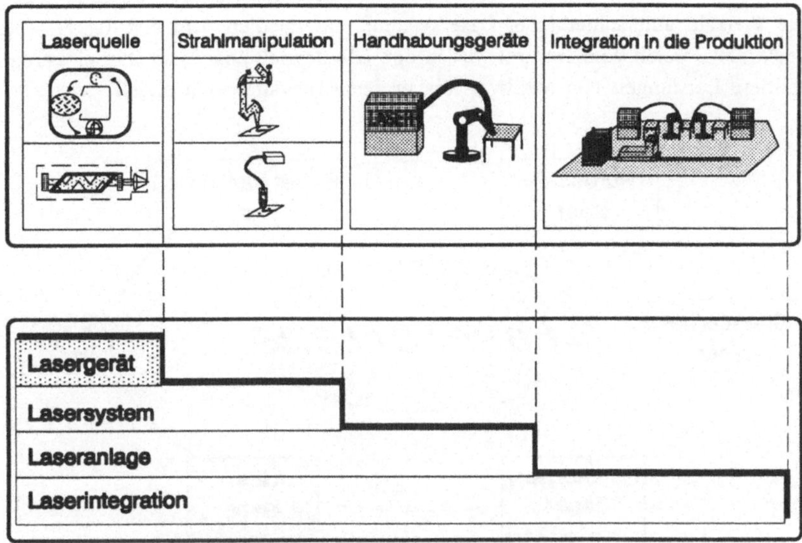

Bild 2-1: Komponenten und Stufen der Laserintegration

In Verbindung mit Handhabungs- und Peripheriegeräten bildet das Lasersystem die **Laseranlage**. Zur Peripherie einer Laseranlage für industrielle Anwendungen gehören leistungsfähige Steuerungen sowie verfahrensspezifische Handhabungseinrichtungen, Sensoren, Sicherheits- und Meßvorrichtungen.

Während die drei oben genannten Integrationsstufen der [DIN 18730, EXPE 92] entsprechen, wird diese Definition im Rahmen dieser Arbeit um den Begriff **Laserintegration** erweitert. Die Laserintegration beinhaltet die materialfluß- und informationsflußtechnische Integration von Laseranlagen in die Produktion. Wichtige Aspekte sind hierbei die Anbindung von Lasersystemen an die Automatisierungskomponenten, die automatische Werkstück- und Vorrichtungsbeschickung, sowie die Anwendung von rechnergestützten Hilfsmitteln zur Planung des Lasereinsatzes [MILB 92C].

2.1.1 Laserstrahlquellen

2.1.1.1 Laserarten und -prinzip

Laserquellen werden nach ihrem aktiven Medium unterschieden (vgl. Bild 2-2). Dabei ist die Wellenlänge des Laserlichts charakteristisch für das Medium. Durch die Vielzahl unterschiedlicher Lasersysteme und -medien wird fast der gesamte spektrale Bereich vom Infrarot- bis in den UV-Bereich abgedeckt. Dabei werden mittlere Leistungen von Milliwatt bis in den Kilowattbereich erzielt.

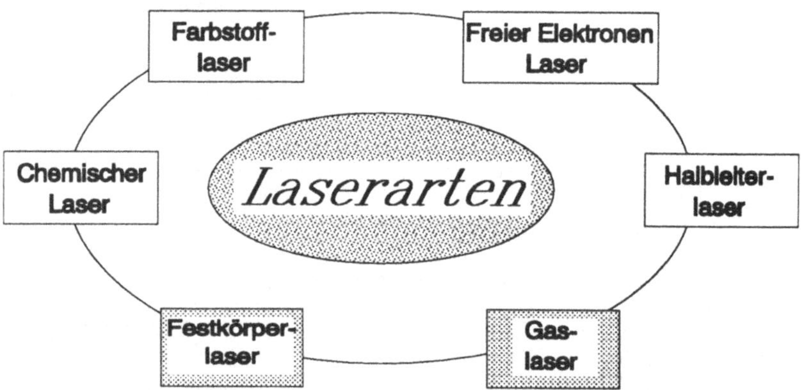

Bild 2-2:   Unterscheidung der Laserarten nach dem aktiven Medium

Der prinzipielle Aufbau einer Laserstrahlquelle ist unabhängig vom aktiven Medium. Sie besteht aus dem Medium selber, das innerhalb des optischen Resonators angeregt wird. Das Prinzip der Strahlerzeugung zeigt Bild 2-3. Durch die Anregung werden die Moleküle des Mediums auf ein höheres Energieniveau gebracht, um eine Besetzungszahlinversion herbeizuführen. Dies bedeutet, daß entgegen dem thermodynamischen Gleichgewicht ein energetisch höheres atomares oder molekulares Energieniveau stärker besetzt ist als eines mit niedrigerer Energie. Beim Übergang auf das untere Energieniveau wird ein Teil der Anregungsenergie als eine zu dem bereits umlaufenden Licht kohärente Strahlung, d.h. Lichtstrahlung gleicher Wellenlänge, Richtung und Polarisation abgegeben. Die Strahlung wird in Richtung der Achse des optischen Resonators verstärkt, weil dieser die Richtung des Laserlichts vorgibt. Der stabile Resonator besteht aus zwei in definierter Entfernung angebrachten Spiegeln: einem nahezu 100% reflektierenden und einem teildurchlässigen Auskoppelspiegel. Bei instabilen Resonatoren,

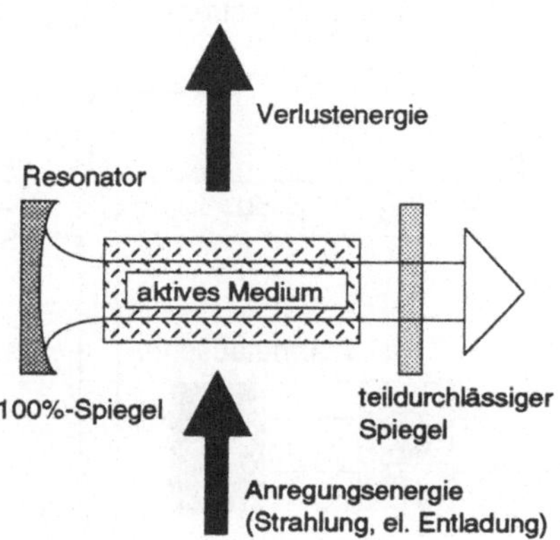

Bild 2-3:   Strahlerzeugungsprinzip [nach HÜGE 92]

die ab einer Laserleistung von 7 kW verwendet werden, wird der Laserstrahl trotz Totalreflektion nach einer bestimmten Anzahl von Umlenkungen ausgekoppelt [WEBE 88].

Je nach Bearbeitungsaufgabe werden gepulste oder kontinuierlich strahlende Laser, auch Dauerstrich oder cw-Laser genannt, eingesetzt [HÜGE 92]. Die durch die Anregung und die Verlustenergie erzeugte Wärme wird in einem internen Kühlkreislauf abgeführt. Zur Strahlführung werden je nach Wellenlänge und Leistung der emittierten Strahlung gekühlte Spiegel oder Quarzglasfasern eingesetzt [BESK 89, VINK 90].

2.1.1.2 Laser für die Materialbearbeitung

Für die Lasermaterialbearbeitung wird industriell nur eine sehr eingegrenzte Gruppe von Lasern verwendet. Dort sind aufgrund ihrer hohen Ausgangsleistung fast ausschließlich CO_2- und Nd:YAG-Laser im Einsatz.

Bei CO_2-Lasern ist das aktive Medium ein Gasgemisch aus Helium, Stickstoff und Kohlendioxid. Sie erreichen derzeit die höchste Ausgangsleistung mit bis zu 40 kW im cw-Betrieb [WOLL 92]. Bei CO_2-Lasern unterscheidet man längs- und quergeströmte Laser, je nach Strömungsrichtung des Gases im Resonator [TREI 90]. Längsgeströmte Laser haben eine höhere Strahlqualität, erreichen aber nur Ausgangsleistungen von bis zu 6 kW (vgl. Bild 2-4). Im Resonator werden je nach Bauart Wirkungsgrade bis 30% erreicht. Die Wellenlänge von CO_2-Lasern liegt mit 10600 nm im mittleren IR-Bereich. Diese Laser sind zum

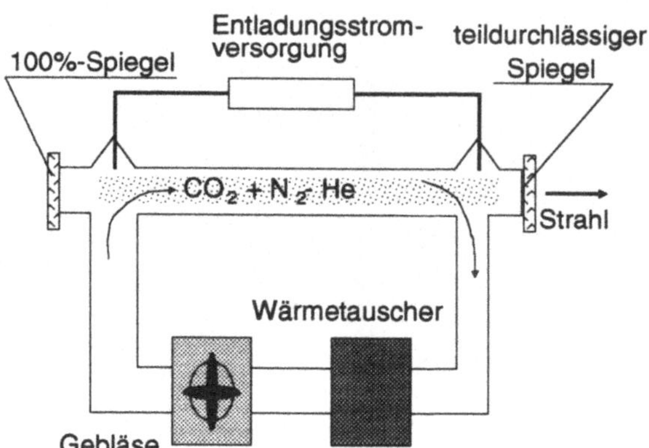

Bild 2-4:   Aufbau eines längsgeströmten CO_2-Lasers [nach DVS 89]

Schweißen, Schneiden und Bohren geeignet. Quergeströmte Laser werden mit mittleren Leistungen von mehr als 25 kW angeboten [SPAL 87]. Charakteristisch für diese Strahlerzeuger ist die ringförmige Intensitätsverteilung nach dem Resonator, die erst über die Fokussierung ein mittiges Intensitätsmaximum erhält. Dieses Verhalten wird durch den Einsatz instabiler Resonatoren hervorgerufen, die auskoppelseitig aufgrund der hohen Leistungen keinen teildurchlässigen Spiegel haben, sondern eine ringförmige Öffnung, in deren Mitte ebenfalls ein konvexer 100%-Spiegel angebracht ist. Diese Laser sind zum Schweißen und für die Oberflächenbehandlung geeignet.

CO_2-Laser mit Leistungen zwischen 10 und 100 W eignen sich für medizinische und meßtechnische Anwendungen. Mit Ausgangsleistungen bis 500 W werden sie vorwiegend zur Bearbeitung von Kunststoffen, Keramik und Papier eingesetzt. Bei Ausgangsleistungen zwischen 500 und 2000 W wird der Laser zum Schneiden von Eisenmetallen mit einer Dicke bis 10 mm und Aluminium und Messing bis 4 mm eingesetzt. Zum Schweißen und für die Oberflächenbehandlung benötigt der Laser im allgemeinen Leistungen über 1,5 kW. Als neue Anwendungen für CO_2-Laser sind noch das Glasieren und das Umschmelzen von metallischen Oberflächen zu nennen [VDMA 92].

Nd:YAG-Laser gehören zu den leistungsstärksten Festkörperlasern. Mit einer Wellenlänge von 1064 nm befinden sie sich im nahen Infrarot-Bereich. Dies hat zur Folge, daß die Laserstrahlung von den meisten für das sichtbare Licht durchsichtigen Materialien ebenfalls transmittiert wird. Glas z.B. ist für Nd:YAG-Laserstrahlung noch sehr gut transparent. Entsprechend hoch sind auch die

Sicherheitsanforderungen zum Betreiben solcher Anlagen [TREI 90]. Das aktive Material Neodym ist in einem Einkristall aus Yttrium-Aluminium-Granat ($Y_3Al_5O_{12}$) eingebettet. Die Anregung erfolgt über Hochleistungs-Blitzlampen mit einer Krypton-Füllung oder über Xenon-Bogenlampen. Derzeit befinden sich auch diodengepumpte Nd:YAG-Laser im Entwicklungsstadium. Durch die einfachere Elektronik und durch den Wegfall des Blitzlampenverschleißes erhofft man sich eine spürbare Senkung der Herstell- und der Betriebskosten sowie eine Erhöhung des Wirkungsgrades [BEYE 92, BÖND 92]. Der Nd:YAG-Laser ist sowohl gepulst als auch kontinuierlich zu betreiben. Nd:YAG-Laser weisen allerdings einen wesentlich geringeren Resonator-Wirkungsgrad im Vergleich zu CO_2-Lasern auf. Dieser liegt bei den meisten Nd:YAG-Lasern bei etwa 4% [VDMA 92].

Im gepulsten Betrieb werden bei industriell eingesetzten Nd:YAG-Lasern Spitzenleistungen bis 20 kW erreicht. Haupteinsatzgebiete sind Punkt- und Wärmeleitungsschweißen, Schneiden, Härten, Löten, Beschriften und Markieren. Aufgrund hoher erreichbarer Strahlqualität eignet sich der Nd:YAG auch zum Bohren und Feinbohren, wenn an die Geometrie des Bohrloches keine zu hohen Anforderungen gestellt werden. Mit dem Nd:YAG-Laser können z.B. Kunststoffe und Keramiken sowie fast alle, auch hochreflektierende Metalle, bearbeitet werden. Die Strahlung des Nd:YAG-Festkörperlasers wird wesentlich effizienter von einer Metalloberfläche absorbiert als die CO_2-Laserstrahlung [BESK 92]. Somit sind beim Härten mit Nd:YAG-Lasern auch keine absorptionserhöhenden Beschichtungen notwendig.

Bei Festkörperlasern hat die Geometrie des Laserkristalls einen erheblichen Einfluß auf die Strahleigenschaften. Bei einer heute maximal möglichen Kristallänge von 200 mm erreichen Nd:YAG-Kristalle eine maximale Ausgangsleistung von ca. 500-600 W pro Stab. Diese Leistungsbegrenzung ergibt sich aufgrund thermischer Effekte im Laserkristall, die zu mechanischen Spannungen führen.

Um höhere Leistungen zu verwirklichen, muß mit konstruktiven Mitteln die Leistung mehrerer Stäbe zusammengefaßt werden. Dabei hat man verschiedene Wege beschritten. Eine Möglichkeit ist in der Oszillator-Verstärker-Anordnung verwirklicht worden, die Leistungen im 1 kW-Bereich bei ausreichender Strahlqualität bietet. Für eine weitere Leistungssteigerung werden entweder mehrere Stäbe in einem Resonator synchron gepulst oder die Strahlenbündel mehrerer, in sich geschlossener Strahlquellen über Strahlweichen bzw. Linsen zusammengefaßt. Bild 2-5 zeigt schematisch diese Möglichkeiten zur Leistungssteigerung.

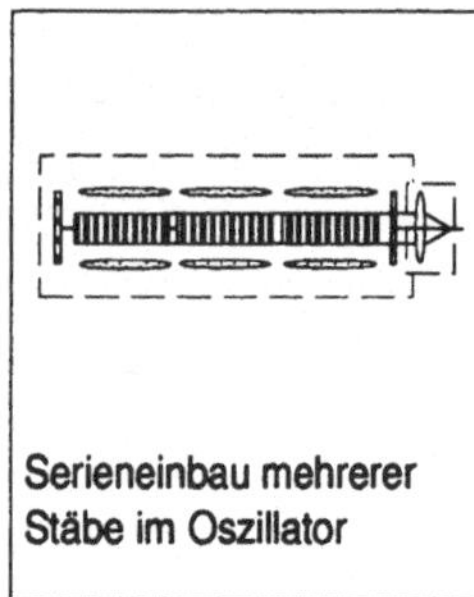

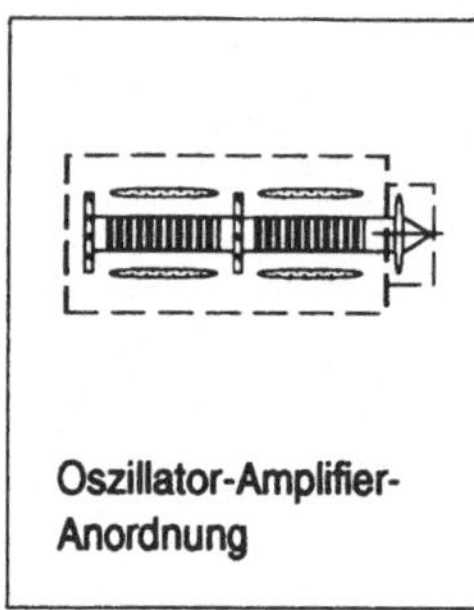

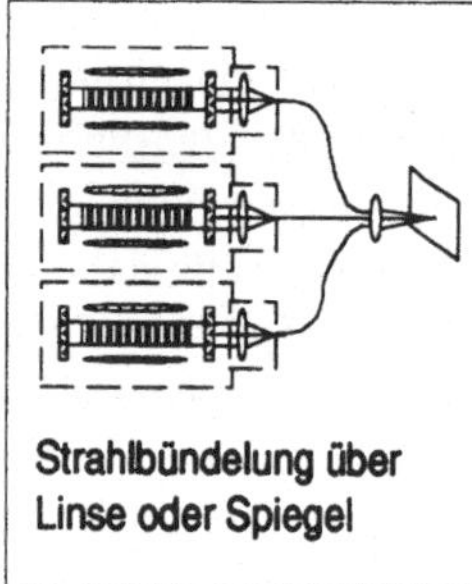

Bild 2-5:   Möglichkeiten der Leistungssteigerung für Festkörperlaser

Generell kann festgestellt werden, daß der Nd:YAG-Laser eine zunehmend starke Konkurrenz zum CO_2 -Laser im Leistungsbereich bis 2 kW darstellt. Die Gründe dafür liegen im kompakten Aufbau, in der einfachen Handhabung und in der Möglichkeit, die Laserstrahlung über Lichtleitfasern zu übertragen.

2.1.2   Komponenten zur Strahlführung und -formung

Zur Strahlführung werden je nach Wellenlänge bzw. Leistung Spiegel oder Quarzglasfasern (bzw. Lichtwellenleiter) eingesetzt (vgl. Bild 2-6) [GARN 89A, WARN 90]. Die Strahlformung erfolgt je nach Leistung mit Linsen oder Spiegeln. Bei beweglichen Strahlführungssystemen, wie sie für die 3D-Laserbearbeitung mit CO_2-Lasern notwendig sind, befinden sich die Spiegel an deren Gelenken [NITS 91, SCHR 89]. Die Spiegel müssen gekühlt werden, da sie sich durch Absorption erwärmen. Man muß mit einem Verlust von etwa 1-3 % der Strahlleistung je Spiegel rechnen [GEBH 91]. Dabei unterscheidet man zwischen externer und interner Strahlführung. Bei externer Strahlführung sind dies geschlossene Rohre in Teleskop- oder Knick-armbauweise. Bei interner Strahlführung sind die Spiegel an den Schnittpunkten der Achsen der Führungsmaschine angebracht. Bei linearen Achsen, insbesondere bei Portalanlagen, kann die variable Länge zwischen den Spiegeln zu variierenden Bearbeitungsergebnissen führen. Durch den Einsatz variabler Teleskope läßt sich dies vermeiden, da der Durchmesser des Laserstrahls konstant gehalten wird [GEIG 92].

Lichtwellenleiter (LWL) können lediglich bei Laserquellen im sichtbaren oder nahe des sichtbaren Spektralbereichs eingesetzt werden. Der offensichtliche Vorteil, den der Einsatz von flexiblen LWL bietet, liegt in der fast uneingeschränkten

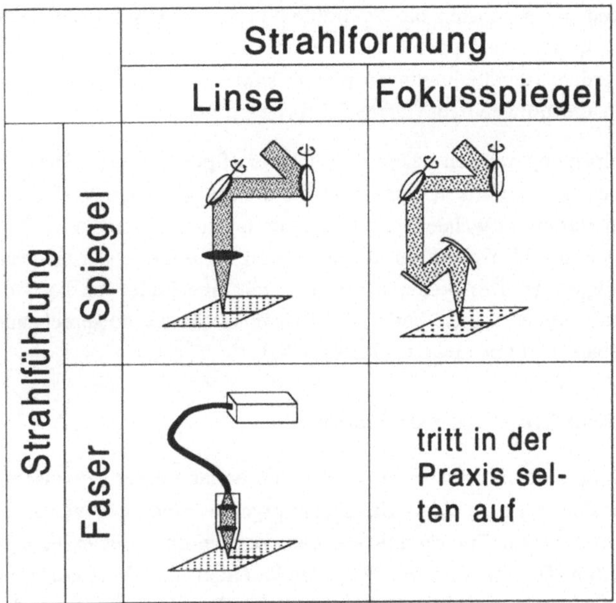

Bild 2-6:   Strahlführung und -formung

Beweglichkeit der Fasern. So können die Fasern je nach Kerndurchmesser bis zu einem Biegeradius von 200 mm beinahe verlustfrei gebogen werden. Die Faser besteht aus einem Mantel und einem Kern. Beide sind aus Quarzglas, jedoch unterschiedlich dotiert, wodurch im Kern ein höherer Brechungsindex erreicht wird als im Mantel. Dadurch ergibt sich eine wiederholte Totalreflexion. Der geringe Verlust, der dennoch auftritt, ist nicht auf die Totalreflexion, sondern auf die Restabsorption und Streuung im Quarzglas zurückzuführen. Erwähnenswerte Verluste entstehen nur bei der Ein- und Auskopplung des Strahls (etwa 5% der eingekoppelten Leistung). Bei übermäßiger Biegung der Faser verkleinert sich der Eintreffwinkel der Randstrahlen. Diese werden dann nicht mehr reflektiert, und es kommt zum Verlust des Randbereiches des Einkoppelkegels. Dadurch verschiebt sich auch die Intensitätsverteilung. Schnellverschlüsse an den Enden der Faser erlauben Wartungs- und Auswechselarbeiten ohne Nachjustage [BESK 92].

Bei der Einkopplung sind vor allem zwei Randbedingungen zu erfüllen. Unter Verwendung eines möglichst kleinen Faserdurchmessers muß der Strahl auf den Faserquerschnitt fokussiert werden. Dabei darf der Einkoppelwinkel nicht zu groß werden, da ansonsten die Totalreflexion in der Faser nicht mehr gewährleistet ist. Auf der Auskoppelseite sollte ein möglichst kleiner Fokusdurchmesser erreicht werden. Randbedingungen hierbei sind die Baugröße des Bearbeitungskopfes und die notwendige Tiefenschärfe [IFFL 90].

Zur Strahlformung werden neben den üblichen Spiegeln und Linsen zur Fokussierung auch Sonderoptiken eingesetzt, die an das jeweilige Verfahren angepaßt sind. Beim Härten verwendet man Integratoren und Facetten- oder Zylinderspiegel, um den Strahl flächig zu formen. Zum Markieren werden Masken und Blenden eingesetzt. Des weiteren gibt es noch eine Fülle von besonderen optischen Komponenten, deren Form und Bauweise für die entsprechende Anwendung angepaßt werden müssen [TÖNS 90B].

2.1.3 Kombination mit Robotern

Für die Laserbearbeitung muß der Laserstrahl entlang einer gewünschten Kontur geführt werden. Dazu müssen Handhabungsgeräte eingesetzt werden, die diese Aufgabe vornehmen. Zur räumlichen Laserbearbeitung gibt es eine Reihe von Möglichkeiten, die sich entsprechend ihren kinematischen Voraussetzungen strukturieren lassen, wie in Bild 2-7 dargestellt ist. Bei der Erzeugung der Relativ-

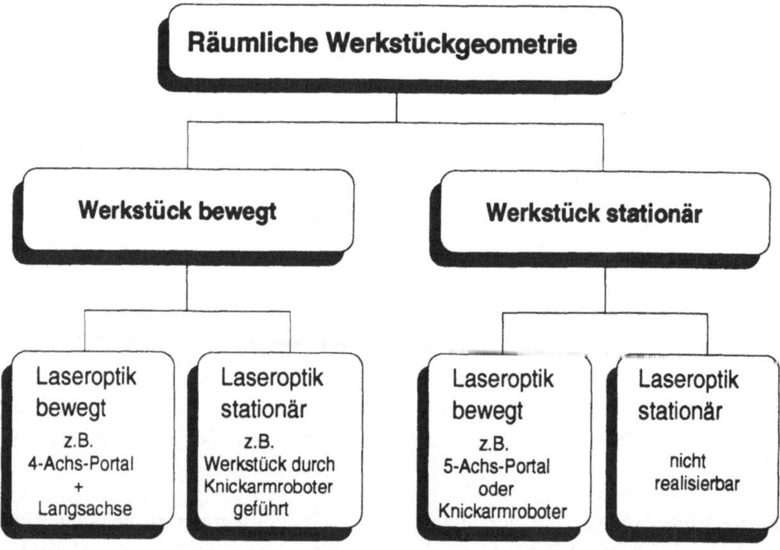

Bild 2-7:   Einteilung der Führungsmaschinen nach der Kinematikanordnung

bewegung zwischen Bearbeitungskopf und Werkstück unterscheidet man die Bearbeitung mit fliegender und mit fester Optik. Fliegende Optik bedeutet, daß der Kopf mit der Fokussiereinheit über das Werkstück geführt wird. Im Gegensatz dazu bewegt man bei der Bearbeitung mit fester Optik das Werkstück [MILB 91B, SCHR 89].

Bei der industriellen 3D-Laserbearbeitung haben sich neben den fünfachsigen Portalsystemen mit kartesischen Achsen und integrierter Strahlführung zusätzlich Lasersysteme in Kombination mit Industrierobotern bzw. Knickarmrobotern durchgesetzt. Hauptvorteile der Knickarmroboter sind die geringeren Investitionskosten, die leichte Austauschbarkeit sowie die konstante oder nur gering variierende Strahllänge. Mit ihnen sind jedoch nicht die Genauigkeitswerte der Portalsysteme erreichbar. Durch den Einsatz von Sensorik kann dieser Nachteil jedoch ausgeglichen werden [GARN 92B, SCHW 89]. Für die Zuführung des Laserstrahles zur Bearbeitungsoptik an der Roboterhand unterscheidet man wie in Bild 2-8 dargestellt drei Arten der Strahlführung.

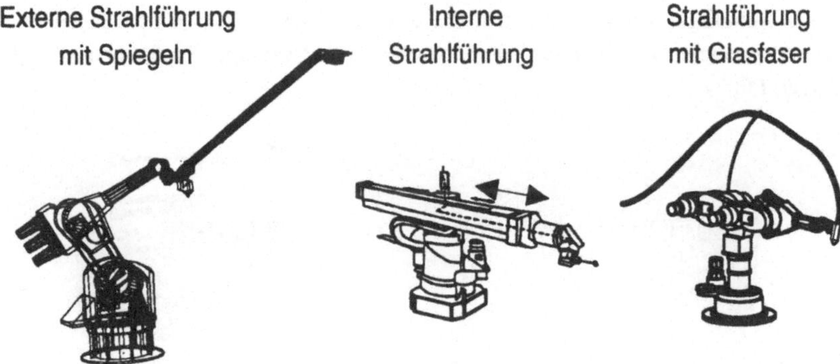

Bild 2-8:   Strahlführungskonzepte in Kombination mit Industrierobotern

Interne Strahlführungen sind in die Kinematik des Handhabungssystem integriert und erlauben die Ausnutzung des gesamten Arbeitsraumes. Als Problempunkte können sich der begrenzte Strahldurchmesser und die hohe Anzahl von Umlenkspiegeln mit den damit verbundenen Verlusten und Justageproblemen erweisen [RIPP 92 , SCHW 90B]. Der Nachteil externer Systeme liegt in der Einschränkung des Arbeitsraumes des Handhabungsgerätes. Zusätzlich bewirkt die kinematische Kopplung von Strahlführungssystem und Handhabungsgerät eine größere Kollisions- bzw. Beschädigungsgefahr der Anlage [VDI 92A]. Der Einsatz flexibler LWL aus Quarzglas erlaubt die fast vollständige Ausnutzung des Arbeitsraumes des Handhabungsgerätes. Beim CO_2-Laser sind jedoch aufgrund seiner Wellenlänge nur Spiegelstrahlführungssysteme einsetzbar.

Auch die Investitionskosten werden in großem Maße durch das Handhabungsgerät mitbestimmt. Bild 2-9 zeigt den Vergleich zweier Anlagen, die sich nur durch das Handhabungsgerät unterscheiden. Beim Einsatz eines Portalroboters sind die Gesamtinvestitionskosten deutlich höher. Generell gilt bei großen Nebenzeiten, daß die Knickarmroboter im Vergleich zum Portalroboter im Vorteil sind, weil bei ihnen die Fixkosten deutlich niedriger liegen [DOBE 90, MORG 92, SCHW 92].

Hauptanwender von Roboter-Laseranlagen ist die Automobilindustrie. Der Einsatzbereich geht in dieser Branche vom Schneiden von Prototypen- und Vorserienteilen bis zum kombinierten Schneiden und Schweißen in der Serienproduktion [GARN 91B, GILL 90, HOFF 92A, VW 89]. Diese Anlagen nutzen bereits in ersten Ansätzen die Flexibilität, die der Laser als Werkzeug mit sich bringt. Sie ermöglichen eine wechselweise Bearbeitung unterschiedlicher Modellvarianten in beliebiger Reihenfolge. Um die erforderlichen hohen Positioniergenauigkeiten zu erreichen, werden derzeit meistens aufwendige Spannvorrichtungen eingesetzt.

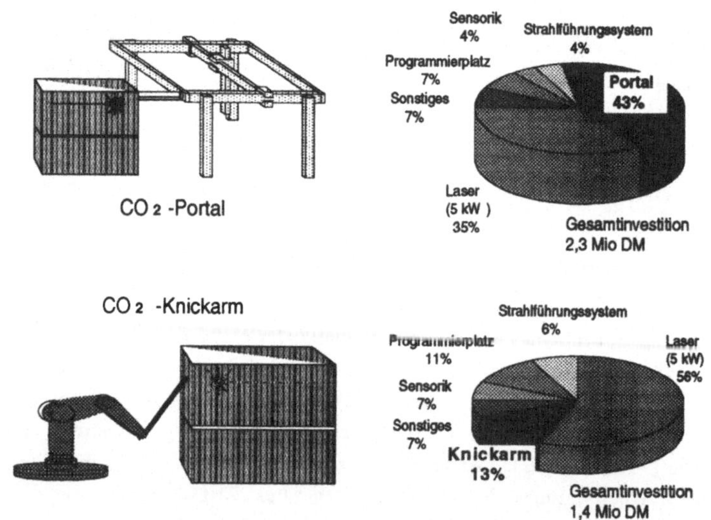

Bild 2-9:   Einfluß des Handhabungsgerätes auf die Investitionskosten

2.2   Programmierung von Laseranlagen

Für 3D-Laseranlagen ist die Programmerstellung schwieriger als bei vergleichbaren konventionellen Bearbeitungsverfahren. Dies liegt an der Vielzahl der zur Beschreibung einer räumlichen Bearbeitungskontur notwendigen Punkte, verbunden mit der Forderung, daß der Laserstrahl unter konstant gleichem Winkel zur Bearbeitungsoberfläche einwirken muß [GARN 92B, WAHL 90].

Das Spektrum der heutzutage für den Bereich der Laserbearbeitung verfügbaren Programmierverfahren reicht vom weit verbreiteten 'Teach-In-Verfahren' bis hin zu 'graphischen Off-Line-Programmierverfahren' [SCHER 91]. Im Rahmen dieses Abschnittes wird auf die den Kategorien On- und Off-Line-Programmierung zugeordneten Verfahren näher eingegangen. Bild 2-10 zeigt die gängigen Programmierverfahren für die Laserbearbeitung.

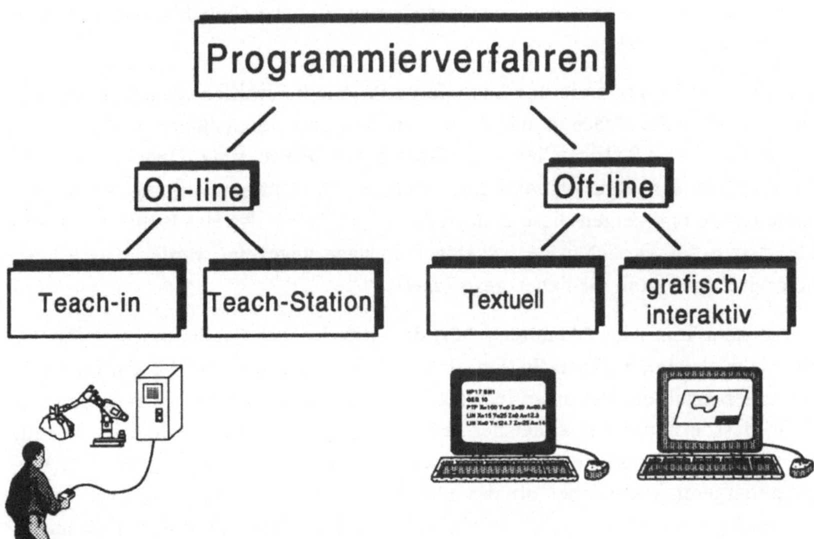

Bild 2-10:   Gängige Programmierverfahren für die Laserbearbeitung

2.2.1   On-Line-Programmierverfahren

On-Line werden räumliche Laseranlagen hauptsächlich im Teach-In-Verfahren oder unter Zuhilfenahme einer zusätzlichen Teach-Station programmiert. Kennzeichnend für Programmerstellungen gemäß dem Teach-In-Verfahren ist das di-

rekte Arbeiten an der jeweiligen Anlage. Unter Zuhilfenahme des Programmier-
handgerätes erfolgt das Anfahren und Abspeichern (per Knopfdruck) der für den
gewünschten Bewegungsablauf notwendigen Raumpunkte. Die zu jedem Bahn-
punkt gehörenden Lagekoordinaten, Orientierungswinkel und zuvor angewählte
Bewegungsart werden zu einem Befehlssatz (entsprechend der Roboterprogrammiersprache) zusammengefaßt und in das entstehende Programm eingefügt. Für
das Verfahren des Roboters stehen verschiedene Koordinatensysteme zur Verfügung, wobei sich das Werkzeugkoordinatensystem für direktes Arbeiten am Werkstück als besonders günstig erweist. PTP-Sätze (Punkt-zu Punkt: Achsen sind
zeitkoordiniert, es findet keine geradlinige Bewegung des Arbeitspunktes statt)
oder Bahninterpolationen (Linear- oder Zirkular-Sätze) bestimmen den Bewegungsablauf zwischen den Bahnpunkten. Die Eingabe von Technologie- und
Sensordaten, die ebenfalls am Programmierhandgerät bzw. am Bedienfeld der
Steuerung vorzunehmen ist, schließt die Programmerstellung ab. Die Entwicklung
geht hierbei zu komfortablen, menügesteuerten Eingabemöglichkeiten am Einga-
begerät [SCHER 91].

Die Teach-In-Programmierung kann durch Programmierhilfen erleichtert werden,
die das manuelle Teachen mit Hilfe von Sensoren unterstützen und teilweise
automatisieren, z.B. Einstellen von Abstand und Orientierung. Dabei registrieren
die Programmierhilfen während des manuellen Programmiervorganges eine rele-
vante Größe und zeigen diese dem Bediener an. Beispielsweise kann mit taktilen
Meßtastern das Erreichen der exakten Fokuslage angezeigt werden. Diese Position wird dann vom Bediener gespeichert.

Neben dem Teach-In-Verfahren gehört das Erstellen der Bearbeitungsprogramme
auf einer separaten Teach-Station ebenfalls zu der Kategorie der On-Line-Pro-
grammierverfahren. Bei einer Teach-Station handelt es sich um ein Programmier-
gerät, dessen Kinematik exakt der des realen Roboters nachgebildet ist. Für die
räumliche Laserbearbeitung wird dieses Verfahren häufig angewandt. Als Pro-
grammiergerät dient dabei oft das gleiche Handhabungsgerät, das auch in der
Laseranlage enthalten ist. Als Nachteil für dieses Verfahren muß jedoch aufge-
führt werden, daß das Führungsgerät zweifach vorhanden sein muß. Die Eingabe
der notwendigen Technologiedaten erfolgt über eine Funktionstastatur (z.B. Bedienfeld), jedoch erst nach abgeschlossener Aufnahme des Bahnverlaufs
[EVER 90].

Um den Nachteilen der On-line-Verfahren teilweise entgegenzuwirken werden
im Bereich der Laserbearbeitung vielfach kombinierte On-Line/Off-line- Programmierverfahren eingesetzt. Dabei wird zunächst Off-line, beispielsweise mit

einem Personal-Computer, der Bearbeitungsablauf, der auch die Prozeßparameter enthält, programmiert. Für die Bewegungssätze bzw. Anfahrpunkte der Führungsgeräte stehen zunächst Platzhalter, die später durch im Teach-In-Verfahren ermittelte Positionspunkte ersetzt werden.

Eine Vereinfachung der Programmierung läßt sich durch den Einsatz von Offline-Verfahren erreichen. Für die räumliche Laserbearbeitung sind diese von großer Bedeutung, zum einen aus Gründen der Wirtschaftlichkeit, zum anderen wird die Programmerstellung wesentlich vereinfacht.

2.2.2 Off-Line-Programmierverfahren

Grundlegendes Ziel sämtlicher Off-Line-Programmierverfahren ist das Entkoppeln des Programmiervorganges vom eigentlichen Fertigungsprozess, um längere Stillstandszeiten der Produktionsanlagen zu vermeiden. Weitere Vorteile der Off-Line-Programmierung sind die Steigerung der Programmqualität und der Planungssicherheit [HERK 91]. Generell werden Off-Line-Programmierverfahren in rein numerische bzw. textuelle und grafisch unterstützte Verfahren unterschieden. Die grafischen Systeme reichen von auf PC-Rechnern lauffähigen, menügesteuerten 2D-Programmiersystemen bis hin zu 3D grafisch interaktiven Simulationssystemen [KOEP 91]. Es treten hier Unterschiede hinsichtlich Einsatzbereich, Hardware, Funktionalität und Kosten auf.

Bei rein numerischen Systemen handelt es sich um die einfachste und kostengünstigste Form der Off-Line-Programmierung, da für deren Einsatz häufig ein steuerungsunabhängiger PC (Personal Computer) ausreicht. Üblicherweise treten vornehmlich die Roboterhersteller als Anbieter derartiger Systeme auf. Diese numerischen Systeme finden in der Regel ihre Anwendung als Werkzeuge zum Archivieren oder Editieren bereits existierender Roboterprogramme, wobei der Anwender die Programme wie in einem Textverarbeitungs-System bearbeiten kann. Eine Neuerstellung von Programmen ist nur für sehr einfache zweidimensionale Geometrien möglich (z.B. einfache, zweidimensionale Konturen), weil der Programmierer aus den 2D-Zeichnungen eine Werkstückbeschreibung erarbeiten muß [PEIK 90].

Desweiteren werden für die 2D-Laserbearbeitung NC-Programmiersysteme eingesetzt, deren Kennzeichen die Umsetzung von Geometrie- und Technologieinformationen in entsprechende Steuerbefehle des Handhabungsgerätes ist [GONS 90A, HADA 90, SCHL 91]. Zur rechnerunterstützten Laserstrahlbearbeitung sind diese Programmiersysteme, die um laserspezifische Zusatzmodule erweitert sind, nur im Bereich der zweidimensionalen Laserbearbeitung verfügbar. In [TÖNS 90A] wird ein Überblick über unterschiedliche Lösungen und Funktionalitäten der NC-Programmiersysteme für die Laserbearbeitung gegeben, die meist nur auf 2D-CAD-Modellen basieren. Dabei wird die Werkstückgeometrie um technologische Informationen (Laserparameter) und Verfahranweisungen (Schnittaufteilung, Bearbeitungsreihenfolge) meist interaktiv ergänzt [WARN 87]. Zur Anpassung der Laserleistung an die Vorschubgeschwindigkeit sind die meisten CNC-Steuerungen mit den entsprechenden Funktionalitäten, z.B. Analogausgängen, ausgestattet. Technologieprozessoren, die abhängig von der geometrischen Bearbeitungskontur die Laserparameter dynamisch anpassen, sind noch im Entwicklungsstadium [GARN 89B, HAFE 89, SPUR 88]. Grundvoraussetzung für den Einsatz ist neben der Verarbeitung und Übertragung von Geometrieinformationen besonders die Bereitstellung von Technologieinformationen. Zur Auswahl von Technologiedaten existieren Datenbanken, die anhand des Werkstoffs und der Blechdicke die Prozeßparameter ermitteln [GARN 92B, SPUR 90]. Darüber hinaus gibt es Prozeßmodelle, die eine Berechnung der Technologiedaten ermöglichen [BECK 89, KAPL 91, VINK 90].

Produktivität, Qualität und Wirtschaftlichkeit können durch den Einsatz von CAD/CAM-Systemen gesteigert werden [GEHR 90, MUSC 89]. In [GONS 90B] wird ein CAD/CAM-System beschrieben, das für die 2D-Laserschneidbearbeitung entwickelt wurde. Das System deckt die Schritte zur Erstellung anlagenspezifischer NC-Programme ab, ausgehend von der Zeichnungserstellung, Anlagen- und Werkstoffauswahl über den Prozessorlauf bis hin zur Datenübertragung an die Laseranlage.

Für komplexere Aufgaben werden grafische Simulations- und Off-Line-Programmiersysteme eingesetzt, die die Planung, Programmierung und Simulation von Laseranlagen ermöglichen [MILB 90C]. Systeme mit einem derartigen Leistungsumfang erlauben eine auch für die 3D-Laserbearbeitung einsetzbare Off-Line-Programmierung. Das beispielsweise in [GARN 92B] beschriebene System ermöglicht zusätzlich die grafische Simulation der Bewegungsabläufe des Handhabungsgerätes. Die Roboterprogramme (RC-Programme) werden dabei grafisch interaktiv erstellt. Die grundsätzliche Vorgehensweise besteht hierbei in dem Identifizieren des gewünschten Bahnpunktes (z.B. mittels CAD-Funktionen), Anfahren desselben (Zugänglichkeitskontrolle) und Abspeichern der Koordinaten samt Orientierungswinkel.

2.3 Sensorsysteme zum Ausgleich geometrischer Abweichungen

Bei der Lasermaterialbearbeitung treten Probleme hinsichtlich der Werkstückvorbereitung und -positionierung sowie des Bahnverhaltens der Handhabungsgeräte auf. Um diese Probleme zu bewältigen, werden Sensorsysteme eingesetzt, die sich hinsichtlich der Anwendungsgebiete und Meßprinzipien unterscheiden.

2.3.1 Anwendungsgebiete

Zum Ausgleich der geometrischen Toleranzen werden im Bereich der Laserbearbeitung Sensorsysteme hauptsächlich in den in Bild 2-11 dargestellten Anwendungsgebieten eingesetzt [SCHW 90A].

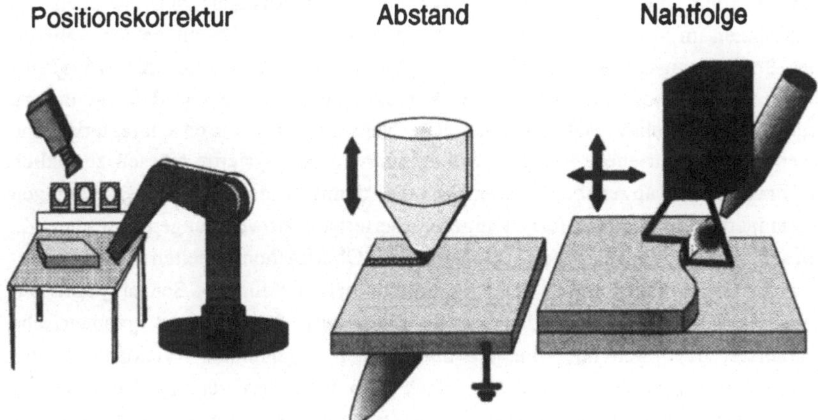

Bild 2-11: Anwendungsgebiete des Sensoreinsatzes

Sensorsysteme zur Positionskorrektur stellen die Position und Winkellage (Verdrehung) des zu bearbeitenden Werkstückes im Raum fest und geben die ermittelten Koordinaten an die Robotersteuerung weiter. Dort kann durch eine Nullpunktkorrektur eine Anpassung der Bearbeitungsprogramme erreicht werden. Für die Lageerkennung können Sensorsysteme verwendet werden, die entweder aus mehreren Sensoren in zueinander fester geometrischer Anordnung bestehen, oder aus solchen Typen, die mehrdimensionale Meßergebnisse liefern [BELL 90, LEVI 87, SCHM 89].

Sensorsysteme zur Abstandskontrolle werden haupsächlich für das Laserstrahl-schneiden eingesetzt. Die Bearbeitungsqualität beim Laserschneiden ist von einer Reihe von prozeß- und anlagenspezifischen Parametern abhängig. Den größten Einfluß hat die Fokuslage relativ zur Werkstückoberfläche. Um eine qualitativ hochwertige Schnittkante zu erreichen, muß der Laserstrahl in konstantem Abstand und mit definierter Orientierung über die Werkstückoberfläche geführt werden. Gleichzeitig muß der Abstand der Gasdüse zum Werkstück innerhalb eines Toleranzbereichs von ± 0,1 mm liegen, um konstante Strömungsverhältnisse im Schnittspalt zu gewährleisten [JAGI 91, LIND 92].

Beim Laserstrahlschweißen muß die Schweißdüse in konstantem Abstand und mit der notwendigen Genauigkeit von 0,1-0,2 mm bei einer Geschwindigkeit von mehr als 5 m/min über die Schweißnaht geführt werden [SCHM 92A, SCHW 90C, WAHL 90]. Dazu kommen Bahn- bzw. Nahtverfolgungssysteme zum Einsatz, die neben der Lageerkennung und Abstandskontrolle auch die Toleranzen im Fugenbereich erfassen können. Außerdem können sie den während des Bearbeitungsvorganges zusätzlich auftretenden Verzug durch die Wärmeein-bringung erfassen und korrigieren. Voraussetzung ist jedoch, daß sie die zu verfolgenden Nahtformen erkennen. Die Nahtform wird durch charakteristische Merkmale beschrieben. Bei der Programmierung der Systeme müssen zusätzlich Toleranzbreiten angegeben werden können, damit es nicht zu Fehlerkennungen kommt, falls in der Nahtform kleinere, tolerierbare Abweichungen auftreten. Zu diesen gehören beispielsweise kleine Grate, Oberflächenrauheiten oder Kanten-verrundungen. Hinsichtlich der Programmiermethode für das Sensorsystem un-terscheidet man Systeme, die für die Erkennung des Nahttyps geometrische Parameter benötigen oder die, die durch einen sogenannten "Visionteach" das Nahtmuster selbstständig erlernen. Nach dem Erkennen der Nahtform werden die charakteristischen Nahtpunkte, auch Zielpunkte genannt, mit Methoden der Bildverarbeitung ermittelt. Damit ist dem Anwender ein Werkzeug gegeben, das ihn in die Lage versetzt, den Spann- und Programmieraufwand erheblich zu reduzieren. Das bringt enorme Kosten- und Zeiteinsparungen [SCHW 90A].

2.3.2 Meßprinzipien

Prinzipiell werden in diesen Anwendungsgebieten taktile, induktive, kapazitive, pneumatische und optische Systeme eingesetzt.

Taktile Sensoren stehen in direktem Kontakt mit dem Werkstück (vgl. Bild 2-12). Die Signale werden elektrisch, optisch, mechanisch oder hydraulisch verstärkt. Taktile Sensoren arbeiten unabhängig vom Werkstoff und von der Feinstruktur

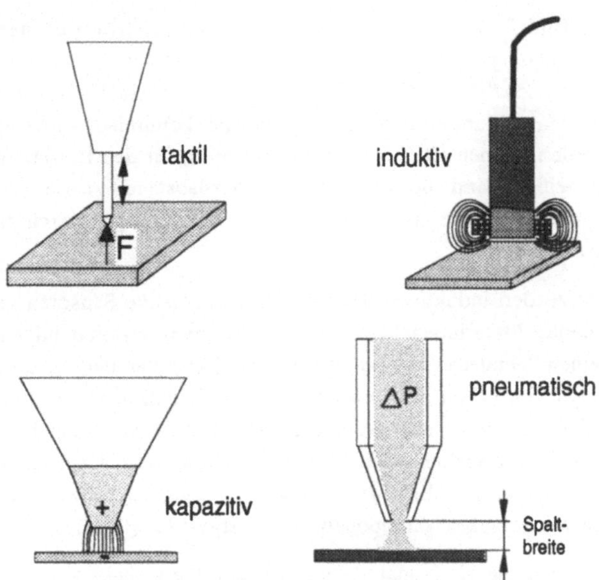

Bild 2-12: Unterschiedliche Meßprinzipien von Sensorsystemen

der Oberfläche. Es können Fühlstifte, Rollen oder Gleiter zum Einsatz kommen. Aufgrund der meist einfachen Meßsignalaufnahme sind sie einfach in bestehende Systeme zu integrieren. Zur Nahtverfolgung muß die Tastspitze der Nahtform angepaßt sein. Daher ist eine automatische Anpassung an andere Nahtformen nur bedingt möglich. Die Taster lassen sich jedoch leicht von Schnittkanten oder Graten beeinflussen. Wegen ihres Verschleißes benötigen sie zudem einen hohen Wartungsaufwand (regelmäßiges Vermessen etc.). Taktile Sensoren werden deshalb meist nur als Programmierhilfen zur Korrektur von Roboterprogrammen hinsichtlich der Position der Bahnpunkte eingesetzt. Die Notwendigkeit einer Anpassung ergibt sich z.B. beim Wechsel von Bearbeitungswerkzeugen, Robotern oder von Blechchargen. Taktile Sensorsysteme sind formgleich mit den Bearbeitungsdüsen und werden anstelle derselben an das Handhabungsgerät gesteckt. Die Tastspitze kann Abstandsänderungen und seitliche Bahnabweichungen erfassen und dementsprechende Korrekturdaten an die Steuerung weiterleiten [KUNT 88, LEVI 87].

Induktive Sensoren arbeiten mit einem magnetischen Feld und reagieren auf Änderungen des magnetischen Flusses, was eine elektrische Leitfähigkeit voraussetzt (vgl. Bild 2-12). Ihr Vorteil ist, daß sie vergleichsweise unempfindlich gegen Verschmutzung sind. Es gibt Bauformen, die sowohl Abstände zu den Oberflächen als auch "Unregelmäßigkeiten" auf der Oberfläche erkennen können, da bei jeder Materialunterbrechung magnetische Feldlinien austreten, welche registriert werden können [REBE 91]. Als nachteilig für den Einsatz im Bereich des Laserschweißens sind die relativ kleinen Meßabstände sowie die Materialabhängigkeit der Meßwerte zu nennen. Es kann zu Störungen durch das laserinduzierte Plasma kommen.

Im Gegensatz zu den induktiven Sensoren sind kapazitive Sensoren nicht unbedingt auf leitende Materialien beschränkt. Kapazitive Sensoren bilden mit dem Werkstück einen Kondensator und messen die Kapazität und deren Änderung (vgl. Bild 2-12). Sie haben zwar eine hohe Genauigkeit, aber nur einen kleinen Meßbereich bei vergleichsweise großem Streufeld. Im Bereich der Laserbearbeitung werden sie hauptsächlich zur Abstandsregelung beim Laserschneiden eingesetzt. Änderungen des Abstandes werden als Spannungsabweichungen registriert und an die Regelkreiskomponenten weitergeleitet [LEVI 87].

Pneumatische Systeme sind unabhängig von der Werkstückart einsetzbar (vgl. Bild 2-12). In [SCHM 92B] wird ein pneumatischer Sensor beschrieben, der in die Spitze des Strahlwerkzeuges integriert ist. Er erfaßt den mittleren Abstand zwischen Werkzeug und Werkstück auf einer konzentrischen Linie um den Fokuspunkt mit Hilfe einer Ringdüse. Dabei wird ein erzeugter Staudruck über einen Drucktransmitter in ein entsprechendes Abstandssignal umgesetzt.

Der Anwendungsbereich optischer Sensoren reicht von Abstandsmessungen über Nahtfolge bis hin zur Teileerkennung. Bei den optischen Sensoren werden die relevanten Daten für die Robotersteuerung durch Messungen meist nach dem Triangulationsprinzip oder mit Intensitätsmeßverfahren gewonnen und mit Methoden der Bildverarbeitung ausgewertet [DREW 91, RUOF 89].

Optische Bahnfolgesensorsysteme leiten aus Merkmalen von Oberflächenstrukturen Meßgrößen ab. Bild 2-13 zeigt das scannende Triangulations- und das Lichtschnittverfahren zur Ermittlung der Oberflächenstrukturen. Beim scannenden Triangulationsverfahren ist eine pendelnde Mechanik mit Ablenkspiegeln in den Strahlengang sowohl des Sende– als auch Empfangsstrahls eingebaut. Sie ermöglicht eine Scanbewegung des Laserstrahls. Durch dieses Prinzip ist es möglich, die Höhe mehrerer auf einer Linie liegender Punkte zu vermessen. Als Ergebnis erhält man die zweidimensionale Kontur der abgetasteten Oberfläche. Wird das System zusätzlich mit konstanter Geschwindigkeit senkrecht zu seiner

Scanebene verschoben, läßt sich mittels Interpolation eine Fläche im Raum und somit ein dreidimensionales Bild der Oberfläche rekonstruieren (vgl. Bild 2-13a).

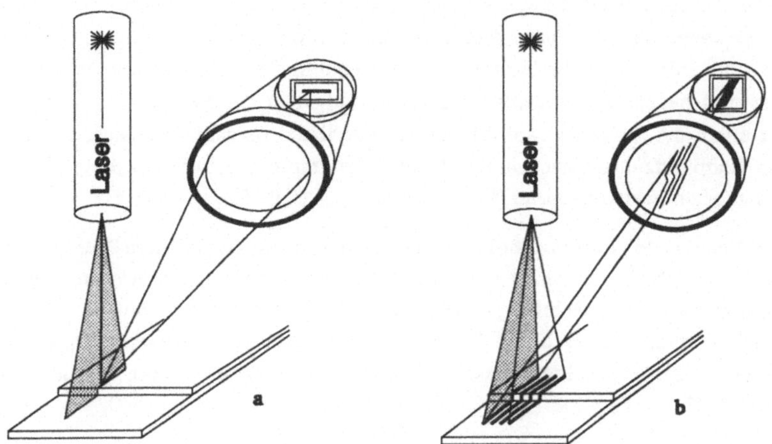

Bild 2-13:   Scannendes Triangulationsverfahren (a) und Lichtschnittverfahren (b) zur dreidimensionalen Strukturerfassung

Beim Lichtschnittverfahren (vgl. Bild 2-13b) wird das Werkstück mit einer Schar paralleler Balken beleuchtet, die von einem Projektor mit monochromatischem Licht erzeugt werden [SCHW 91D]. Diese Balken werden von einer Kamera, die in einem bestimmten Winkel zum Projektor steht, aufgenommen, wobei störende Strahlung von Schweißbad, Plasma und Streulicht des Lasers durch einen schmalbandigen Interferenzfilter abgeschirmt wird. Auf einem ebenen Werkstück werden die projezierten Balken als gerade Streifen abgebildet. Liegt eine Kante im Blickfeld, so tritt in den Balken ein Sprung auf. Mittels Triangulation wird durch die relative Lage der Streifen im Bildausschnitt (CCD-Array) gleichzeitig die Entfernung des Werkstücks berechnet. Im nächsten Schritt werden Form und Lage der Streifen durch eine spezielle Bildverarbeitungshardware ermittelt. Danach wird die Höhe und Lage der Kante bestimmt. Durch die Möglichkeit, fünf Linien pro Bild bearbeiten zu können, ist das Sensorsystem in der Lage, außer den drei translatorischen Freiheitsgraden der Lage des Arbeitspunktes auch die Orientierung des Werkstückes nach Schleppwinkel, Seitenwinkel und Nahtrichtung erkennen zu können. Dadurch sind alle sechs Freiheitsgrade in einer Aufnahme bestimmbar.

2.4   Problemfelder des Lasereinsatzes

In den vorausgehenden Abschnitten wurden die Möglichkeiten des Lasereinsatzes dargestellt. Gerade in Kombination mit Industrierobotern ergeben sich vielfältige Verwendungen. Den technischen und organisatorischen Vorteilen des Lasereinsatzes stehen jedoch einige zum Teil nicht unerhebliche Schwierigkeiten gegenüber, die eine weitere Verbreitung und Anwendung der Lasertechnologie hemmen. Das sind neben den Akzeptanzproblemen aufgrund der Neuheit des Verfahrens vor allem die Sicherheitsanforderungen, die hohen Investitionskosten, die geringen Hauptnutzungszeiten aufgrund hoher Programmierzeiten und die hohen Genauigkeitsanforderungen an die Prozeßführung (vgl. Bild 2-14).

Die Neuheit der Lasertechnologie stellt insbesondere für kleinere Betriebe oftmals ein Problem dar, da für viele Applikationen kein fundiertes Anwenderwissen vorliegt und somit technologisches Neuland betreten werden muß [SCHU 92]. Hinzu kommt, daß sich der Lasermarkt und auch die Lasertechnologie noch mitten in der Entwicklungsphase befinden, die noch mehrere Jahre andauern wird [HERZ 92].

Ins Gewicht fallen auch die Sicherheitsanforderungen. Da das Gefährdungspotential eines Lasers meistens größer ist als das anderer Werkzeugmaschinen, muß der Anwender eine Reihe von Sicherheitsanforderungen erfüllen. Besonders bei der Bearbeitung von Kunststoffen oder beschichteten Werkstoffen ergeben sich toxische Belastungen [TREI 90].

Generell zeigt sich, daß die Investitions- und Maschinenkosten bei der Laserstrahlbearbeitung relativ hoch sind. Berücksichtigt man jedoch die Vorteile des Lasers, wie beispielsweise die geringe Nacharbeit oder die möglichen hohen Bearbeitungsgeschwindigkeiten, so stellt der Lasereinsatz durchaus eine wirtschaftliche Alternative gegenüber den konventionellen Fertigungsverfahren dar. In jedem Fall ist eine hohe Auslastung der Anlagen gefordert, will man einen wirtschaftlichen Einsatz von Laser-Roboter-Anlagen gewährleisten.

Dieser Forderung kann jedoch im Bereich der 3D-Laserbearbeitung bislang kaum Rechnung getragen werden, da die meisten industriell eingesetzten Laseranlagen im Teach-In-Verfahren programmiert werden. Die Folge sind geringe Hauptnutzungszeiten und eine Einschränkung der Flexibilität, die der Laser als Werkzeug bietet. Außerdem verteuert sich der Produktionsprozeß durch die unbefriedigende Auslastung der Fertigungseinrichtungen. Das Verhältnis von Programmier- zu Bearbeitungszeit kann an stark konturierten Bauteilen bis 1000:1 betragen [VDI 92A]. Die hohen Qualitäts- und Genauigkeitsansprüche verbunden mit den großen möglichen Bearbeitungsgeschwindigkeiten verschärfen dieses Problem zusätzlich.

Problemfelder		Ursachen
Akzeptanz		- Neuheit des Verfahrens - Fehlendes Anwender- wissen - Sicherheitsanforderungen
Hohe Investitions- kosten		- Komplexität - Planungsaufwand
Bauteilverarbeitung -positionierung		- Genauigkeitsanfor- derungen - Qualitätsansprüche

Programmierung		- Kollisionsgefahr
		- Arbeitsraumeinschränk-
		  ung
		- Genauigkeitsanforder-
		  ungen

Geringe Haupt- nutzungszeiten		- Programmierung - Viele Einfahrzyklen
Integration in die Produktion		Fehlende lasergerechte Hilfsmittel für Planung und Betrieb von Laser- anlagen

Bild 2-14:　Randbedingungen des Lasereinsatzes

Ein Vergleich zwischen 'On-Line-Teachen' und 'grafischem Teachen' hinsichtlich der anfallenden Arbeitsschritte zeigt, daß prinzipiell der gleiche Weg zum Programmieren eines Bewegungsablaufs eingeschlagen wird. Diese Feststellung deckt sich auch mit der Beobachtung, derzufolge grafisches Teachen zwar wirtschaftlicher ist, aber nicht unmittelbar mit einer Reduzierung der Programmierzeit verbunden sein muß [EVER 90, HERK 91].

Ein besonderer Wert wird daher an das Bewegungs- und Steuerungsverhalten der Führungsmaschine gestellt. So müssen die Handhabungsgeräte beispielsweise eine achsengenaue und geradlinige Führung des Laserstrahls ermöglichen. Der Laser muß in engen Abstands- und Winkeltoleranzen zur Werkstückoberfläche geführt werden, damit gute Bearbeitungsqualitäten realisierbar sind. Dies erfordert einen großen Aufwand hinsichtlich Bauteilvorbereitung, -positionierung und Prozeßführung, der sich nur mit sehr aufwendiger Spanntechnik lösen läßt.

Bei 3D-Laser-Roboteranlagen hat man es mit komplexen kinematischen Strukturen zu tun. Oft ergeben sich Einschränkungen hinsichtlich der Arbeitsräume. Daraus resultiert eine erhöhte Kollisionsgefahr, die zu einem Mehraufwand bei Planung und Betrieb von Laseranlagen führt. Eine Kollisionsgefahr kann meist nur durch viele Einfahrzyklen ausgeschlossen werden.

Probleme bereitet auch die Integration der Lasertechnologie in den Produktionsprozeß. Dies betrifft zum einen auf Werkstattebene die Verknüpfung aller Anlagenkomponenten wie Sensoren, Handhabungsgeräte, Steuerungen und Transporteinrichtungen. Zum anderen gibt es bei der Integration der Informationsverarbeitung noch große Defizite [MILB 92C]. Die Forschungs- und Entwicklungsarbeiten konzentrieren sich bisher jedoch vornehmlich auf die technische Anlagen- und Prozeßauslegung [SCHU 92]. Die dargestellten Problemfelder stellen laserspezifische Besonderheiten dar, die als Randbedingungen beim Lasereinsatz berücksichtigt werden müssen.

2.5   Zusammenfassung

Die derzeitige Situation in der Produktionstechnik ist dadurch gekennzeichnet, daß Produktions- und Organisationsstrukturen geschaffen werden müssen, in denen kurze Planungs- und Durchlaufzeiten realisierbar sind. Flexibilität, Reaktionsgeschwindigkeit und Verkürzung der Produktdurchlaufzeit werden neben der Produktivitätssteigerung, der Kostensenkung und der Qualitätssicherung zunehmend über die Erfolgschancen der Unternehmen entscheiden [MILB 91A]. Die

Lasertechnologie kann hierzu einen wichtigen Beitrag liefern. Allerdings bringt der Lasereinsatz, wie dargestellt, verschiedene Problemfelder mit sich.

Die Schwierigkeiten bei der Lösung dieser Hemmnisse sind vielfältig. Zum einen ist eine weitere Verbesserung der für die Laserbearbeitung notwendigen Anlagenkomponenten erforderlich [EVER 92]. Zum anderen ist der Laser künftig nicht mehr als eine Einzelmaschine, sondern als zentraler Systembaustein in der rechnerintegrierten Fabrik zu sehen [SCHW 91E]. Dazu müssen eine Vielzahl von laserspezifischen Problemen, die sich in den unterschiedlichen Unternehmensbereichen wie Konstruktion, Arbeitsplanung, Produktionsplanung und -Steuerung, Fertigung und Qualitätssicherung ergeben, gelöst werden.

Eine Verbesserung dieser Situation kann durch den Einsatz rechnergestützter Hilfsmittel erzielt werden. Komponenten zur rechnerintegrierten Produktion sind vielfältig verfügbar und haben jeweils für sich betrachtet einen hohen Entwicklungsstand erreicht. So stehen für die klassischen Bearbeitungsverfahren im Fertigungsvorfeld CAD- und CAP-Systeme zur Erzeugung und Verarbeitung von Geometrie- und Technologiedaten sowie PPS-Systeme zur Erfassung und Verarbeitung von Auftrags- und Betriebsdaten bereit [MILB 92D, VAJN 89, WIRT 90]. Auf Werkstattebene sind als Automatisierungsbausteine numerisch gesteuerte Werkzeugmaschinen, Handhabungseinrichtungen, fahrerlose Transportsysteme sowie automatische Lagersysteme vorhanden. Hinzu kommen Zellen- und Leitrechner für die Steuerung und Überwachung von Produktionssystemen sowie für die Auftrags- und Betriebsdatenerfassung und -verarbeitung [GLAS 93, GROH 88, REMB 90].

Diese bestehenden Teilsysteme der rechnerintegrierten Produktion werden bislang jedoch nur im Bereich der zweidimensionalen Laserbearbeitung eingesetzt und genügen nicht allen Anforderungen der räumlichen Laserbearbeitung. Um sie im Rahmen der 3D-Laseranwendung einsetzen zu können, müssen sie entsprechend den laserspezifischen Besonderheiten erweitert bzw. angepaßt werden.

3 Zielsetzung und Vorgehensweise dieser Arbeit

Wie aus Kapitel 2 hervorgeht weist die räumliche Laserbearbeitung noch ver-schiedene Hemmnisse auf. Insbesondere der geringe Nutzungsgrad aufgrund des hohen Programmieraufwandes ist von zentraler Bedeutung. Diese Arbeit soll einen Beitrag dazu liefern, die genannten Probleme zu reduzieren.

Die Zielsetzung dieser Arbeit besteht darin, eine CAD/CAM-Kopplung zu kon-zipieren und zu realisieren, welche die Erstellung, Überprüfung und Ausführung der Bearbeitungsprogramme (RC-Programme) für Roboter-Laseranlagen unter-stützt und die einen durchgängigen Datenfluß in den Teilbereichen Konstruktion (CAD), Arbeitsplanung (CAP) und Fertigung (CAM) ermöglicht (vgl. Bild 3-1).

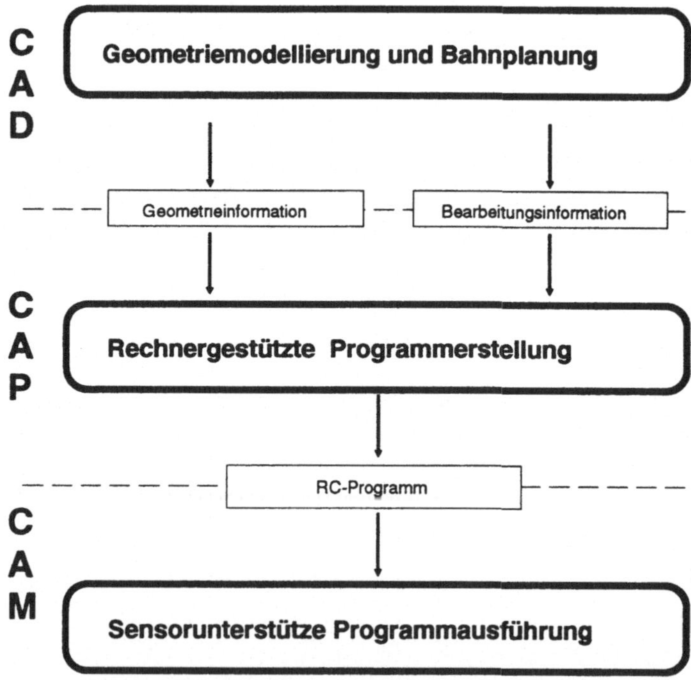

Bild 3-1:   Teilbereiche der CAD/CAM-Kopplung

Dabei sollen, ausgehend von CAD-Geometrieinformationen der zu bearbeitenden Werkstücke, die RC-Programme rechnergestützt generiert, in einem Simulationssystem hinsichtlich Kollision und Zugänglichkeit überprüft und an die entsprechende Anlagensteuerung übertragen werden. Um während der Ausführung nachträgliche Eingriffe in die Programme zu vermeiden, werden geeignete Sensorsysteme eingesetzt.

Die Vorgehensweise im Rahmen dieser Arbeit zur Erreichung der Zielsetzung ist in Bild 3-2 dargestellt.

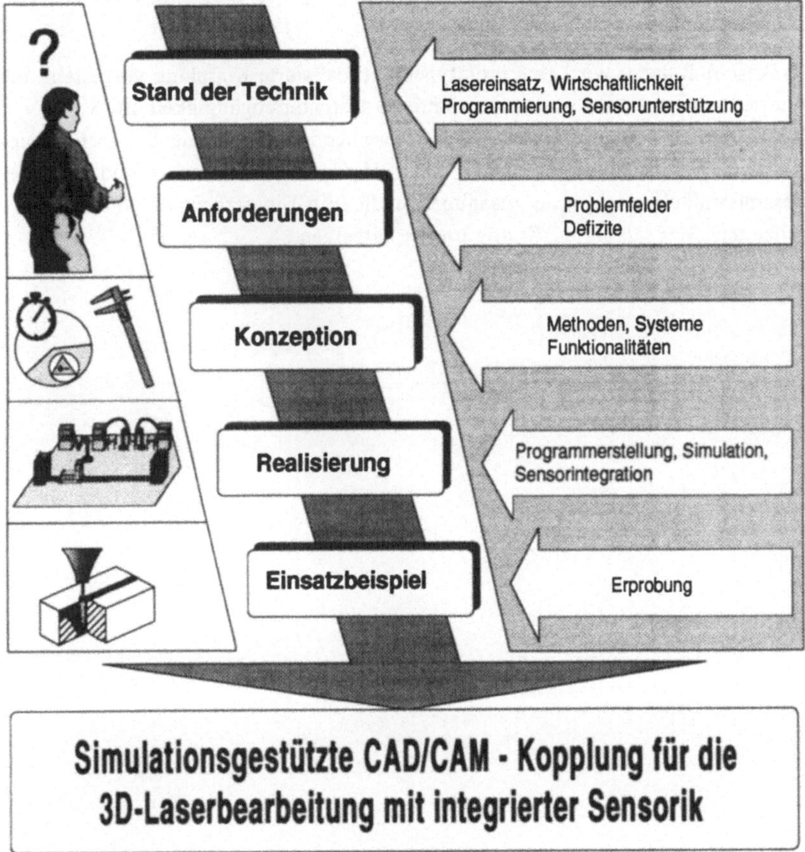

Bild 3-2:   Vorgehensweise im Rahmen dieser Arbeit

Zunächst werden die Randbedingungen geklärt. Dies erfordert eine Abgrenzung der relevanten Anwendungsgebiete und des zu berücksichtigenden Anlagenspektrums. Ausgehend vom Stand der Technik, welcher auch die heute verfügbaren Programmierverfahren für die Laserbearbeitung berücksichtigt, werden die Anforderungen an lasergerechte CAD/CAM-Systeme abgeleitet. Diese sollen aufzeigen, welche laserspezifischen Besonderheiten in CAD/CAM-Systemen für die räumliche Laserbearbeitung zu berücksichtigen sind. Die Konzeption eines CAD/CAM-Systemes soll diese Forderungen berücksichtigen. Insbesondere sind in diesem Zusammenhang die Einbindung von Technologieinformationen und Bearbeitungsstrategien sowie die Berücksichtigung des Sensoreinsatzes von großer Bedeutung.

Im Anschluß daran wird eine prototypenhaft realisierte Kopplung vorgestellt, die eine technologie- und geometrieorientierte Datendurchgängigkeit im Sinne von CAD/CAM ermöglicht. Dabei werden bestehende Teilsysteme der rechnerintegrierten Produktion entsprechend den Anforderungen erweitert und zu einer Gesamtsystemkonfiguration zusammengefaßt. Ein Einsatzbeispiel soll die Möglichkeiten der realisierten Konfiguration aufzeigen.

4 Anforderungen an eine durchgängige CAD/CAM-Kopplung

Die im Rahmen dieser Arbeit zu realisierende CAD/CAM-Kopplung soll eine rechnergestützte Programmerstellung und -ausführung ermöglichen. Aus der Kenntnis des Ist-Zustandes und der Problemfelder bei der Programmerstellung werden in diesem Kapitel die Anforderungen an eine simulationsgestützte CAD/CAM-Kopplung für die räumliche Laserbearbeitung definiert. Entsprechend der in Bild 3-1 dargestellten Teilschritte ergeben sich unterschiedliche Anforderungen in den Bereichen

- Geometriemodellierung und Bahnplanung

- Programmerstellung

- Programmausführung

- Systemtechnische Anforderungen,

die im folgenden näher zu betrachten sind.

4.1 Geometriemodellierung und Bahnplanung

Dieser Bereich beinhaltet die Ermittlung aller geometrischen und technologischen Informationen die zur Bearbeitung von 3D-Bauteilen notwendig sind. Daraus ergeben sich die in Bild 4-1 dargestellten Anforderungen.

Die rechnerunterstützte Geometriemodellierung mit CAD-Systemen, insbesondere zur Konstruktion und Planung von zweidimensionalen Teilen, ist heute bereits weit verbreitet. Sie bietet bei Wiederholteil-, Varianten- und Anpassungskonstruktionen einen großen Nutzen, da auf bereits vorhandene rechnerinterne Darstellungen zurückgegriffen werden kann. Diese werden auch für die Arbeitsplanung und für die NC-Programmierung verwendet, basieren in der Regel aber nur auf 2D-CAD-Modellen.

Grundvoraussetzung für die rechnergestützte Programmerstellung ist die Existenz eines mathematisch beschriebenen, geometrischen räumlichen Modells des zu bearbeitenden Bauteils. Die grafische Darstellung sollte die Geometrie des Fertig- und des Rohteils umfassen. Für die 3D-Bearbeitung sind geometrische Oberflächeninformationen notwendig, da der Laserstrahl mit einer exakt definierten

Winkellage zur Werkstückoberfläche geführt werden muß. Die Geometriebeschreibung muß auch die Definition der Bearbeitungskonturen enthalten.

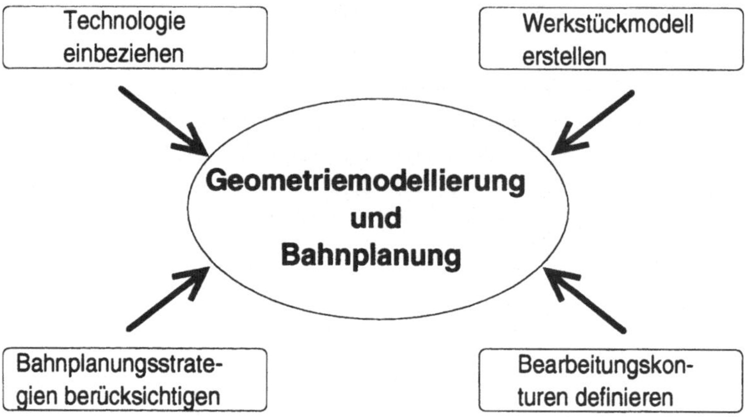

Bild 4-1:   Anforderungen an die Geometriemodellierung und Bahnplanung

Ausgehend von der Geometriebeschreibung von Bauteil und Bearbeitungskontur muß die Bahninformation für das zu erstellende Programm ermittelbar sein. Diese beschreibt den Weg, entlang welchem das Bearbeitungswerkzeug vom Handhabungsgerät geführt werden muß. Bearbeitungsfolgen und -schritte müssen durch den Bediener definierbar sein.

Zusätzlich ist eine rechnerunterstützte Optimierung des Bearbeitungsablaufes notwendig. Dies ist an problematischen Stellen notwendig, weil an diesen eine erhöhte Wärmeeinbringung zu Qualitätseinbußen führen kann. Zur Anpassung der Laserleistung an die Vorschubgeschwindigkeit sind die meisten CNC-Steuerungen zwar mit den entsprechenden Funktionalitäten ausgestattet. Bei hohen Bearbeitungsgeschwindigkeiten reichen diese Möglichkeiten aufgrund der Reaktions- und Verarbeitungszeiten jedoch nicht aus, um optimale Bearbeitungsqualitäten zu erhalten. Aus diesem Grund sind Technologieprozessoren gefordert, die abhängig von der geometrischen Bearbeitungskontur die Laserparameter an problematischen Stellen dynamisch anpassen [GONS 90B, MILB 92A].

Grundvoraussetzung hierfür ist neben der Verarbeitung und Übertragung von Geometrieinformationen besonders die Bereitstellung von Technologieinformationen. Zur Bestimmung und Auswahl der Technologiedaten müssen Funktionen zur Verfügung stehen, die ausgehend von einer Bearbeitungsaufgabe die entsprechenden Technologiedaten definieren. Zudem muß die Möglichkeit der Anbindung von Technologiedatenbanken oder Expertensystemen gegeben sein. Um auch bei komplexeren Bearbeitungsaufgaben optimale Bearbeitungsergebnisse zu erhalten, ist es notwendig, daß die Bahninformation und die Technologiedaten verknüpft werden.

Dies erfordert u.a. die Einführung von CAD- und CAP-Komponenten zur Erzeugung und Verarbeitung von Geometrie- und Technologiedaten. Konstruktion und Arbeitsplanung müssen als sich beeinflussende Prozesse aufgefaßt werden. Insbesondere bei komplexen Aufgaben ist eine vernetzte und parallele Arbeitsweise anzustreben. So wird z.B. aus technologischen Gründen eine exakte Fokuslage und ein senkrechtes Auftreffen des Laserstrahles auf die Werkstückoberfläche gefordert. Oft ist die Positionseinhaltung aus Zugänglichkeitsgründen oder kinematischen Einschränkungen des Handhabungsgerätes jedoch nicht möglich. Diese Tatsache wird aber erst bei der Programmerstellung erkennbar. Es muß also ein Bezug zwischen Fertigungstechnologie und Konstruktion geschaffen werden. Dazu müssen Konstruktion und Planung auf der Basis rechnerintegrierter, grafischer Modelle arbeiten.

4.2   Programmerstellung

Dieser Bereich beinhaltet die Umwandlung der geometrischen und technologischen Informationen in ein RC-Programm. Ein leistungsfähiges System zur Programmerstellung muß

- die rechnergestützte Programmerstellung in der Syntax der Robotersteuerung,

- die Unterstützung der sechs-achsigen Bearbeitung mit Robotern und

- die simulationsgestützte Überprüfung der Programme

umfassen.

Die rechnergestütze Programmerstellung erfordert Postprozessoren, die die Umwandlung der Geometrie- und Technologiedaten in die Syntax der eingesetzten Robotersteuerung vornehmen.

Für die 3D-Laserbearbeitung mit Industrierobotern müssen die Programmierverfahren die sechsachsige Bearbeitung unterstützen. Dabei müssen auch laserspezifische Maschinenfunktionen wie die Ansteuerung des Lasers oder die Bahnplanung auf Basis von Spline-Interpolationen berücksichtigt werden. Meistens wird die Bearbeitungskontur polygonalisiert anstatt Spline-Interpolationen zu nutzen. Durch diese Approximation ergeben sich Informationsverluste, die bei der Bearbeitung zu Genauigkeitseinbußen führen [HILP 89].

Untersuchungen haben ergeben, daß das Einfahren von 3D-Laseranlagen einen sehr hohen Anteil der Nebenzeit bildet (vgl. Abschnitt 2.3). Ursachen hierfür sind Fehler im Bearbeitungsprogramm, Kollisions- oder Zugänglichkeitsprobleme. Diese Situation erfordert den Einsatz von Simulationssystemen, die den Anwender von der Layoutgestaltung bis zur detaillierten Funktionsüberprüfung und grafischen Bewegungssimulation unterstützen (vgl. Bild 4-2) [GARN 90A, TAUB 90]. Dazu müssen jedoch Modelle der Anlagenkomponenten wie die des Roboters, des Werkzeugs oder des Werkstücks nachgebildet werden. Die zur Positionierung notwendigen Spannvorrichtungen müssen ebenfalls nachgebildet werden, damit der Anwender die notwendigen Informationen bezüglich der Spannsituation übernehmen kann.

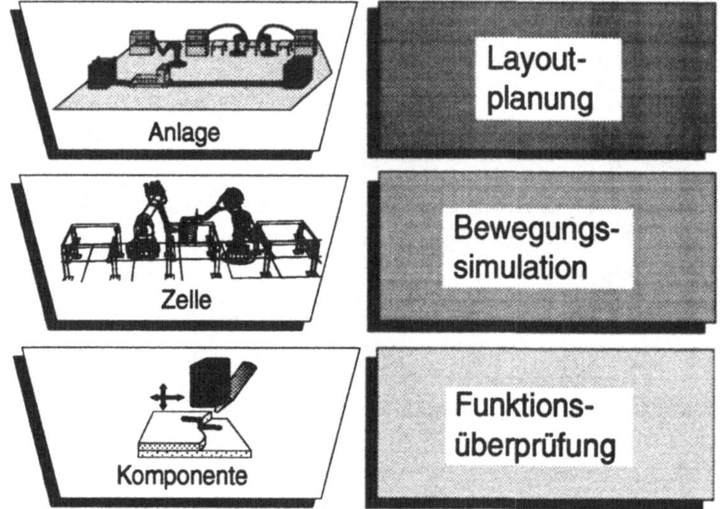

Bild 4-2:   Modelle zur Planung des Lasereinsatzes

4.3   Programmausführung

Bei der Laserbearbeitung stellen die exakte Führung des Laserstrahles entlang der zu bearbeitenden Kontur und die Regelung der Prozeßparameter die Kernprobleme dar. Da produktionsbedingt oft sehr hohe Formtoleranzen der Bauteile untereinander auftreten, muß bei vielen Applikationen manuell nachprogrammiert werden [MILB 90A]. Da dies aber sehr viel Zeit in Anspruch nimmt und somit den wirtschaftlichen Lasereinsatz hemmt, ist ein solches Vorgehen für den Industrieeinsatz in der Regel ungeeignet. Zur Lösung des beschriebenen Problems, d.h. zum Erfassen und Ausgleich der Toleranzen sind, wie im Stand der Technik aufgezeigt, verschiedene Sensorsysteme verfügbar, die sowohl vorlaufend als auch konzentrisch um den Arbeitspunkt angeordnet sind. Diese müssen folgende Aufgaben erfüllen:

- Geometrien vermessen (Position) und erkennen (z.B. Bahnanfang)

- Abstände kontrollieren und regeln

- Bahnen verfolgen

- Problem- und Störungssituationen erkennen

Im Bereich der ebenen Bearbeitung ist der Sensoreinsatz bereits weit verbreitet. Schwierigkeiten bereitet die 3D-Laserbearbeitung, da hierfür erst wenig Erfahrungen hinsichtlich der Einsatzmöglichkeiten vorliegen. In Kombination mit Robotern ergeben sich verschiedene Möglichkeiten zur Integration sowie zur Einflußnahme auf den Bewegungs- bzw. Programmablauf. Ein zu lösendes Problem besteht darin, die oft mit nur eingeschränktem Meß- und Fangbereich ausgestatteten Sensoren an die Werkstücke ohne Kollisionen heranzuführen. Beim Einsatz vorlaufender Sensoren ergibt sich die zusätzliche Anforderung, daß der Bearbeitungskopf in einer definierten Winkellage zur Vorschubrichtung zu führen ist [DREW 89, SCHW 90A]. Dies erfordert entsprechende Anfahrstrategien, die im Rahmen der Bahnplanung berücksichtigt werden müssen.

4.4 Systemtechnische Anforderungen

Neben den laserspezifischen Anforderungen an die Geometriemodellierung, Bahnplanung, Programmerstellung und -ausführung müssen zusätzlich verschiedene systemtechnische Anforderungen erfüllt werden. Dazu gehören

- ein modularer Aufbau der Teilsysteme

- der Datenaustausch über standardisierte Schnittstellen

- eine hohe Verfügbarkeit der Anlagenkomponenten

- die Verknüpfung der Anlagenkomponenten.

Ein modularer Aufbau der rechnergestützten Teilsysteme, die im Rahmen der CAD/CAM-Kopplung eingesetzt werden, ermöglicht eine Steigerung der Übersichtlichkeit und eine flexible Erweiterung. Die zu entwickelnden Module sollen so aufgebaut sein, daß sie vom Anwender an unternehmens-, anlagen- und applikationsspezifische Eigenheiten anpaßbar und nahezu hardwareunabhängig einsetzbar sind. Desweiteren müssen sie modular und offen aufgebaut sein, um das Technologie- und Fertigungswissen mit fortschreitender Zeit kumulieren zu können.

Die im Rahmen der zu konzipierenden CAD/CAM-Kopplung eingesetzten Teilsysteme sollen über genormte Schnittstellen verfügen, um universell einsetzbar zu sein. Dazu sind verschiedene Standards verfügbar.

So gibt es je nach Informationsart genormte Schnittstellenformate, die eine systemunabhängige Kommunikation gewährleisten. In Bild 4-3 sind zu dieser Thematik die überwiegend verwendeten Formate für die verschiedenen Anwendungsbereiche dargestellt. Für die Übertragung von Geometriedaten haben sich Formate wie VDA-FS (Verband der Automobilindustrie Flächenschnittstelle),

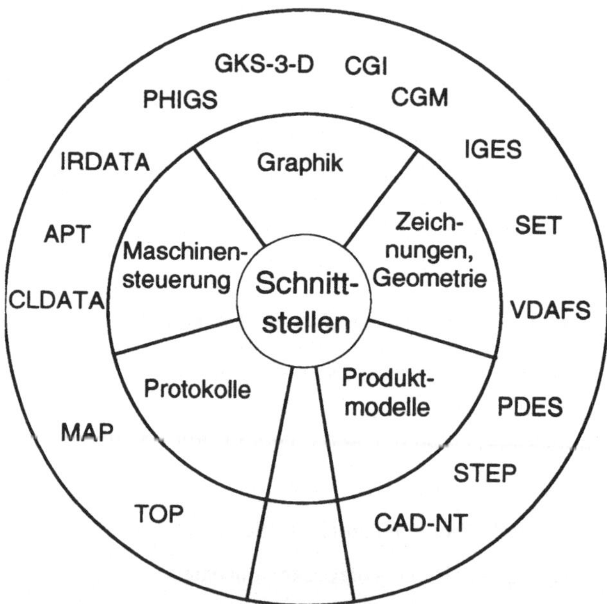

Bild 4-3:   *Schnittstellen zur Übertragung von Daten zwischen verschiedenen Teilsystemen [ABEL 90]*

SET (Standard d'Echange et de Transfer), IGES (Inital Graphics Exchange Specification) u.ä. als Standardformate herausgebildet, welche auch von den meisten CAD-Systemen sowohl eingelesen als auch ausgegeben werden können [GRAB 91, KOEP 91, PEIK 90]. Die eingesetzten Systeme zur Geometriemodellierung müssen diese Schnittstellenspezifikationen unterstützen.

Die Einbindung der Robotersteuerungen ist ebenfalls über standardisierte Schnittstellen zu bewerkstelligen. Im Bereich der Roboterprogrammierung hat sich trotz der Vielzahl verschiedener Steuerungstypen, die herstellerneutrale und in der VDI Richtlinie 2863 festgelegte IRDATA (Industrial Robot DATA)-Schnittstelle durchgesetzt. Die IRDATA-Richtlinie legt neben dem Datenformat auch die Anweisung zur Durchführung und zur Steuerung der Roboterbewegungen durch eine Reihe von neutralen Satztypen fest, die hierbei auch den Programmablauf und die Durchführung der einzelnen arithmetischen und Boolschen Operationen beschreiben [IRDA 87].

Diese Standards erfüllen jedoch nicht immer alle Anforderungen für die Verbindung der Teilsysteme. Unvollständige und fehlerhafte Spezifikationen der auszutauschenden Daten und unterschiedliche Interpretationen in der Anwendung führen häufig zu Problemen. Für verschiedene Anwendungsgebiete müssen deshalb bestehende Standards erweitert oder aber spezifische Datenformate definiert werden.

Hohe Ansprüche werden an die Anlagenkomponenten der Werkstattebene gestellt. Gefordert ist eine hohe Verfügbarkeit und Zuverlässigkeit bei minimalem Wartungsaufwand der Teilsysteme, wie Laser, Roboter oder Sensorsysteme. Der Laser und die laserspezifischen Elemente müssen in die Anlagen integriert werden und zu den zuverlässigsten Komponenten zählen.

Gleichzeitig ist zur Integration der Teilsysteme eine Verknüpfung aller Anlagenkomponenten wie Sensoren, Handhabungsgeräte, Lasersteuerungen und Transporteinrichtungen, erforderlich, woraus unterschiedliche Echtzeitanforderungen an die Informationsträger resultieren. Dafür sind jedoch leistungsfähige Steuerungen sowohl laserseitig, als auch auf Seiten der Führungsmaschine erforderlich, da für den sicheren Einsatz verschiedene Signale schnell zwischen den einzelnen Steuerungen ausgetauscht werden müssen. Dies sind beispielsweise Meldungen über die Emissionsbereitschaft, Fehlermeldungen, die Laserleistungsansteuerung und Not-Aus-Signale.

4.5   Zusammenfassung

Wie in den vorangegangenen Abschnitten erläutert, werden an die CAD/CAM-
Kopplung eine Reihe grundlegender Anforderungen gestellt. Bild 4-4 zeigt zusammenfassend alle Aufgaben, die bei der Konzeption zu berücksichtigen sind.

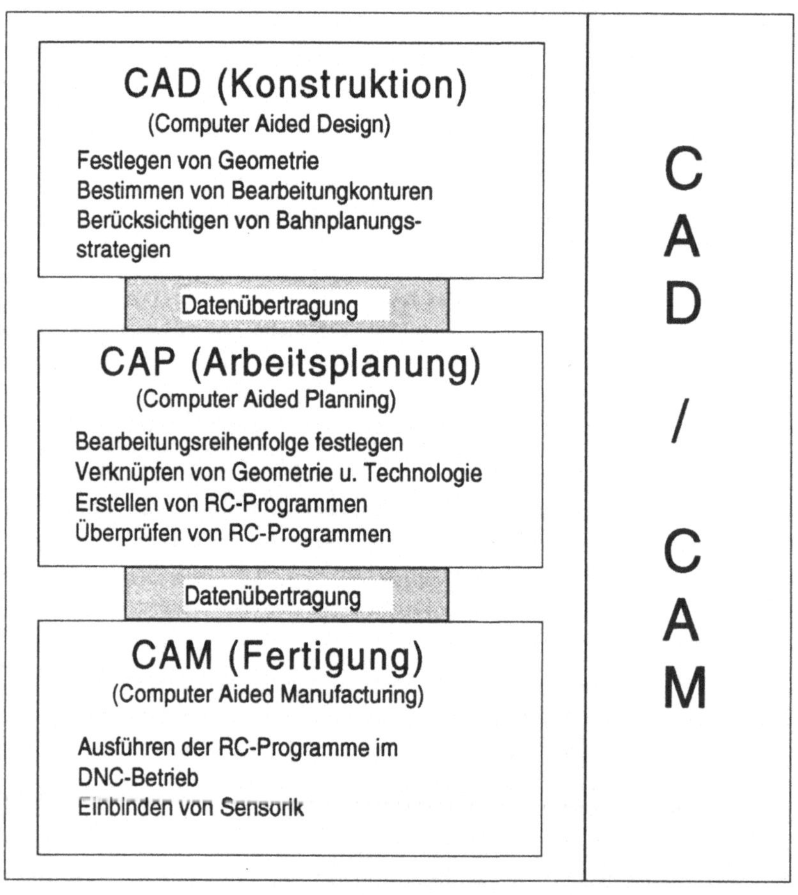

Bild 4-4:   Aufgaben der CAD/CAM-Kopplung

5 Konzeption einer CAD/CAM-Kopplung

Ausgehend von der Zielsetzung der Arbeit wird in diesem Kapitel das Gesamt-konzept für die CAD/CAM-Kopplung erläutert. Dabei sind insbesondere Metho-den, Funktionalitäten und Hilfsmittel für die Teilschritte

- Geometriemodellierung

- Bahnplanung

- Verknüpfung von Geometrie und Technologie

- Programmerstellung, -übertragung und -ausführung

zu beschreiben, die die Erfüllung der in Kapitel 4 gestellten Anforderungen ermöglichen.

5.1 Lasergerechte Geometriemodellierung

Zur Geometriedatenverarbeitung muß ein 3D-fähiges CAD-System eingesetzt werden, da nur dies die gestellten Anforderungen erfüllt. Das CAD-System muß die gängigen Standardschnittstellenformate unterstützen, um Geometriedaten so-wohl übernehmen als auch weitergeben zu können. Zur Geometriedatenerfassung gibt es die in Bild 5-1 dargestellten Möglichkeiten.

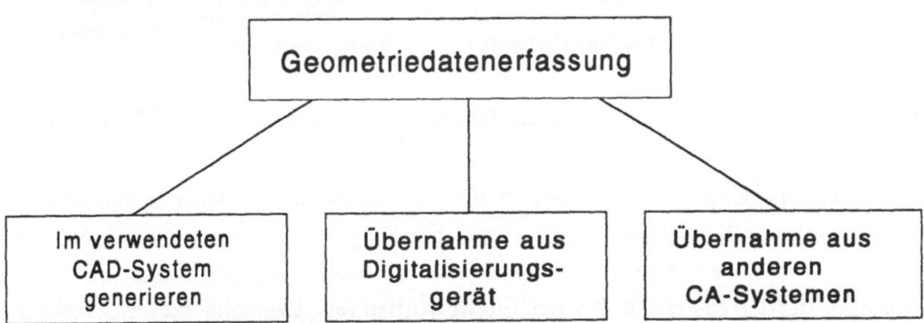

Bild 5-1:   Möglichkeiten der Geometriedatenerfassung

Am günstigsten ist die Erzeugung der Geometrieinformation in dem CAD-Sy-stem, in welchen auch die Bahngenerierung durchgeführt wird, da hierbei eine vollständige Geometriebeschreibung des Bauteils sichergestellt ist. Die Datenübernahme aus anderen CAD-Systemen ist oft mit Informationsverlusten verbunden, da über die eingesetzten Schnittstellen nicht alle Modellinformationen übertragen werden können [ARET 91, TRUN 91].

Zudem ist die Übernahme von Geometrieinformationen aus Digitalisierungsgeräten möglich. Dabei werden Bauteile, die nicht als CAD-Modell vorliegen, taktil oder optisch digitalisiert [ARET 90, ZEIS 88]. Die entstehenden Daten, die in der Regel aus Punktewolken bestehen, lassen sich mit Hilfe von speziellen Algorithmen in Flächenmodelle überführen [QFOR 92]. Eine derartige Funktionalität kann in einem CAD-System integriert sein oder von eigenständigen Programmen zur Verfügung gestellt werden.

Zur rechnerinternen Darstellung von 3D-Modellen unterscheidet man gemäß Bild 5-2 zwischen kantenorientierter, flächenorientierter oder volumenorientierter Darstellung. Die Unterscheidung liegt im Darstellungsprinzip, das eingegeben und rechnerintern gespeichert wird.

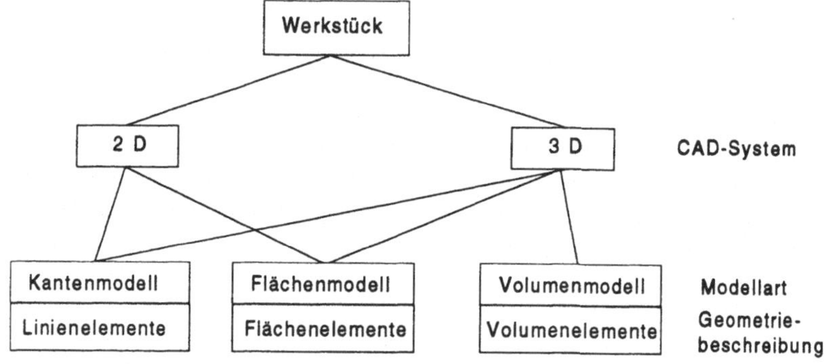

Bild 5-2:   Modellarten der Bauteildarstellung [nach GRÄT 89, SCHWE 88]

Beim Kantenmodell, welches auch häufig als Drahtmodell bezeichnet wird, erfolgt die Bauteilbeschreibung nur über die Begrenzungslinien. Dadurch sind weder Informationen über die begrenzenden Flächen noch der eingeschlossenen Volumina der dargestellten Körper direkt vorhanden. Dennoch bietet diese Modellart die Möglichkeit der räumlichen Darstellung des Bauteils bei einer relativ geringen Datenmenge. Dies ist auch der Grund dafür, daß man diese Darstellungsform häufig bei der grafischen Simulation umfangreicherer Objekte antrifft. Kantenmodelle eignen sich nur bedingt für die rechnergestützte Programmierung von Laseranlagen, da sich aufgrund der fehlenden Oberflächeninformation die Orientierung nicht bestimmen läßt.

Das Flächenmodell ermöglicht die Beschreibung aller auf einer Fläche liegenden Geometrieinformationen. Zur mathematischen Beschreibung der Objektflächen können analytisch beschreibbare Flächen (z.B. Ebene, Zylinder-, Kugeloberfläche, Kegel- und Torusfläche), durch Bildungsgesetze beschreibbare Flächen (z.B. Regelflächen und Profilflächen) sowie Freiformflächen verwendet werden [ABEL 90]. Durch Zusammenfügen aller Einzelflächen ergibt sich ebenfalls ein räumliches Modell des Bauteils, jedoch ohne Angaben über die Lage des Materials zur Begrenzungsfläche und die Zuordnung der Flächen untereinander.

Volumenmodelle sind Abbildungen, die eine vollständige Gestaltdarstellung ermöglichen. In flächenorientierten Volumenmodellen werden die Grenzflächen eines Objektes analytisch exakt beschrieben. Das Grundvolumen des Objekts wird aus Trägerflächen gebildet. Das körperorientierte Volumenmodell verknüpft analytische Grundkörper wie Quader oder Zylinder mittels mengentheoretischer Operationen. Das Volumenmodell enthält, aufgrund seines höheren Informationsgehaltes, die vollständigste Beschreibung des Werkstücks.

Für die Programmerstellung bei der 3D-Laserbearbeitung eignen sich grundsätzlich nur das Flächen- und Volumenmodell, da diese die notwendigen Oberflächeninformationen enthalten. Diese beiden Modellarten sollen im Rahmen dieser CAD/CAM-Kopplung berücksichtigt werden. Bei Verwendung eines Flächenmodells müssen zusätzlich Angaben über die Zuordnung der Flächen untereinander definiert werden. Für die Bahnplanung ist die Art des im CAD-System intern verwendeten Geometriemodells von Bedeutung, da sich die Geometriedatenanalyse, je nach Modellart, unterschiedlich gestaltet. Unter Geometriedatenanalyse wird in diesem Zusammenhang die Vorgehensweise bezeichnet, die zur Ermittlung der Bahninformation notwendig ist.

5.2 Bahnplanung

Die Bahninformation besteht, wie in Bild 5-3 dargestellt, aus einer Punkt-Vektor-Folge, die Punkte einer definierten Bahn in einer bestimmten Dichte mit ihren Orientierungen zur Werkstückoberfläche enthält. Bei diesen Positionspunkten handelt es sich um diejenigen Punkte der Bahn, an denen sich entweder die Bahnrichtung, die Vektororientierung (Winkellage des Laserstrahls zur Werkstückoberfläche) oder beides ändert. Die Bahninformation soll ausgehend von der Bearbeitungskontur unter Berücksichtigung zusätzlicher Verfahrwege und verschiedener Randbedingungen, zusammenfassend als Bahnplanungsstrategien bezeichnet, rechnergestützt ermittelt werden.

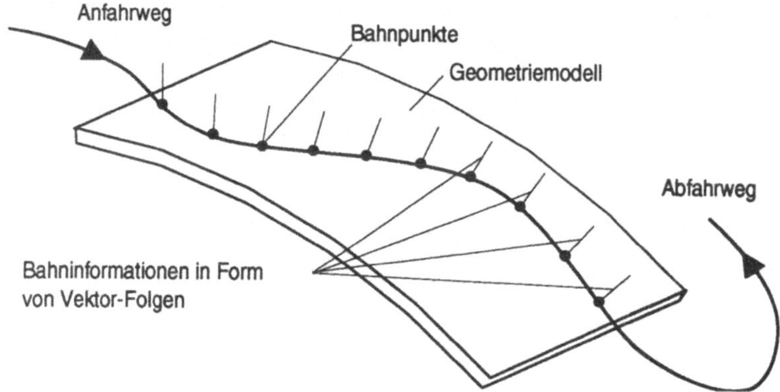

5.2.1   Definition der Bearbeitungskontur

Die Bearbeitungskontur gibt den Werkzeugweg an, entlang dessen der Laserstrahl
aktiv ist und somit zu einer Materialbearbeitung führt. Die Definition der Bearbeitungskontur gestaltet sich je nach Bearbeitungsverfahren und Werkstückmodell
unterschiedlich. Voraussetzung ist, daß die Werkstücke als Roh- oder Fertigteil-
modelle vorhanden sind. Beim Schweißen wird der Laserstrahl zentrisch auf der
Bearbeitungskontur geführt. Diese wird im CAD-System direkt anhand der zu
schweißenden Naht am Fertigteil bestimmt (vgl. Bild 5-4).

Beim Laserschneiden ist die Festlegung der Bearbeitungskontur vom Werkstückmodell und von der Geometrie des Laserstrahls abhängig. Werden Konturele-

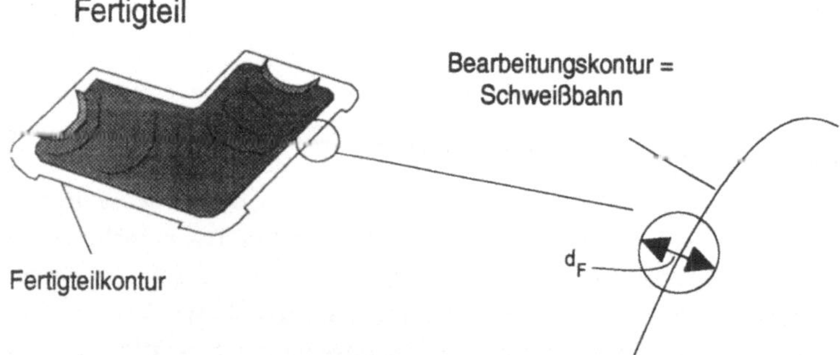

*Bild 5-4:   Definition der Bearbeitungskontur am Fertigteil beim Laser-
schweißen*

mente von Fertigteilmodellen verwendet, so ist darauf zu achten, daß die Bearbeitungskontur zur Fertigteilkontur um die halbe Schnittfugenbreite verschoben
ist (vgl. Bild 5-5). Die Schnittfugenbreite entspricht dem Fokusdurchmesser d_f.

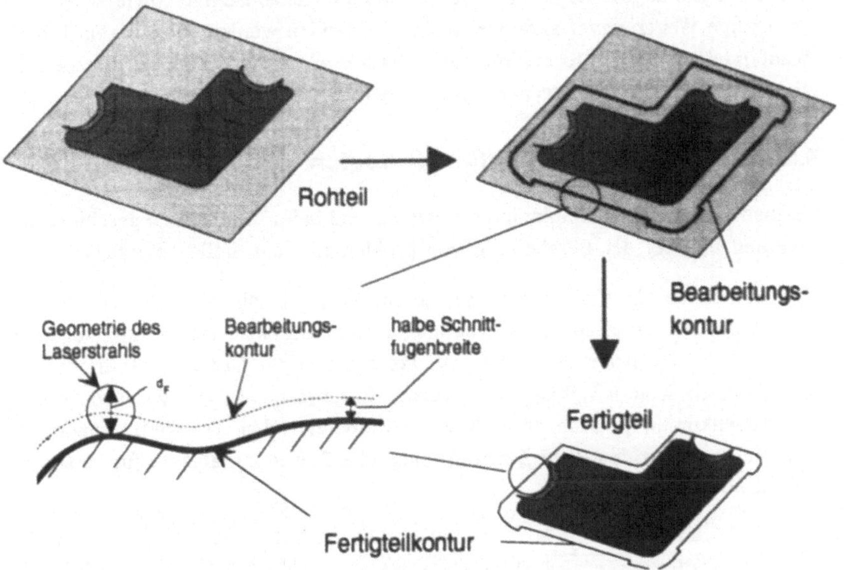

Bild 5-5:   Definition der Bearbeitungskontur beim Laserschneiden

Diese Konturverschiebung kann unter Zuhilfenahme der Schnittflächennormale,
welche bei Volumenmodellen eindeutig definiert ist, im CAD-System berechnet
werden. Ein anderer Weg der Bahndefinition ist notwendig, wenn nur das Roh-
teilmodell zur Verfügung steht. Hierbei kann der Anwender sämtliche Möglichkeiten des CAD-Systems nutzen, um die Kontur interaktiv zu erzeugen. In diesem
Fall muß man die Schnittfugenbreite schon bei der Bahnerzeugung berücksichtigen, weil Schnittflächeninformationen nicht vorliegen (vgl. Bild 5-5). Um das
System für beide Varianten offen zu halten und auch Veränderungen der Laser-
strahlgeometrie berücksichtigen zu können, empfiehlt es sich, eine Möglichkeit
zu schaffen, den Schnittfugenkorrekturwert parametrisiert anzupassen.

5.2.2   Bahnplanungsstrategien

Aufgrund verschiedener laser- und anlagenspezifischer Randbedingungen ist es
nicht möglich, die Bahninformation direkt aus der Bearbeitungskontur abzuleiten.

Um eine gute Bearbeitungsqualität zu erhalten sind zusätzlich Bahnplanungsstrategien notwendig. Sie beinhalten die zeitliche und folgerichtige Planung der Bewegungsabläufe und der Steueranweisungen. Im Rahmen dieser Arbeit sollen unter Bahnplanungsstrategien geometrie- und anlagenabhängige sowie zusätzlich notwendige Werkzeugverfahranweisungen verstanden werden. Aus diesem Bahnablauf muß die Bahninformation unter Berücksichtigung der steuerungsspezifischen Interpolationsarten rechnergestützt generiert werden.

5.2.2.1 Geometrieabhängige Strategien

Geometrieabhängige Bahnplanungsstrategien sind beim Anfahren an geschlossene Konturen und bei der Bearbeitung von problematischen Stellen notwendig.

Charakteristisch für die Bearbeitung geschlossener Konturen ist ein möglichst tangentiales Anfahren an die Bearbeitungskontur. Die wesentliche festzulegende Größe ist die Form des Anfahrweges, welcher von der Gestalt und Art der zu bearbeitenden Kontur abhängt. In diesem Zusammenhang ist zwischen Innen- und Außenkontur, je nach dem, welcher Teilbereich dem Fertigteil zugeordnet wird, zu unterscheiden. Bild 5-6 zeigt mögliche Bewegungsabläufe für verschiedene Konturelemente.

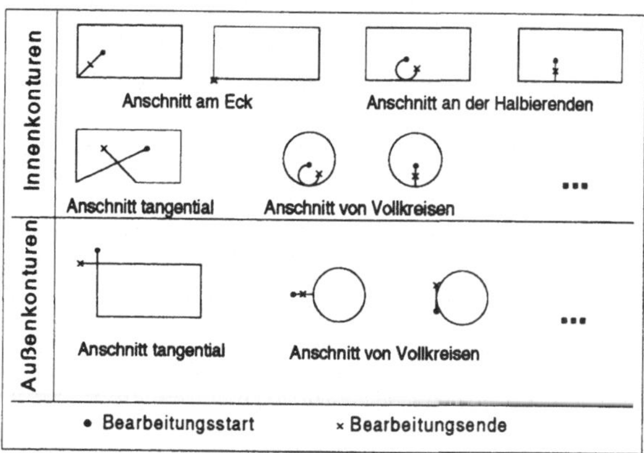

Bild 5-6:   Anfahrstrategien bei Außen- und Innenteil [nach HOFF 92]

Daneben müssen im Rahmen der Konturanalyse an problematischen Stellen wie Ecken, Spitzen oder Kanten rechnergestützt bahnspezifische Anpassungen vorgenommen werden. Von Bedeutung sind diese Konturteile, da sie starke Richtungsänderungen aufweisen, und somit das Einhalten der optimalen Bearbeitungsparameter nicht möglich ist oder das Handhabungsgerät die geforderten Bewegungsabläufe nicht ausführen kann.

Bei konvexen Ecken, wie dies der linke Teil des Bildes 5-7 zeigt, kann man mit Hilfe von Außenschleifen scharfkantige Eckkonturen erzeugen. Als Schleifenformen sind, wie im Bild 5-7 a u. b dargestellt, verschiedene Formen vorstellbar. Für den Fall, daß es sich bei beiden Hälften des Werkstückes um "Fertigteile" handelt, bleibt nur die Möglichkeit, die Bearbeitung der Ecke mit verringerter Geschwindigkeit und Leistung durchzuführen. Dabei läßt sich jedoch ein größerer Wärmeeintrag und eine damit verbundene leichte Abschmelzung der Ecke nicht vermeiden.

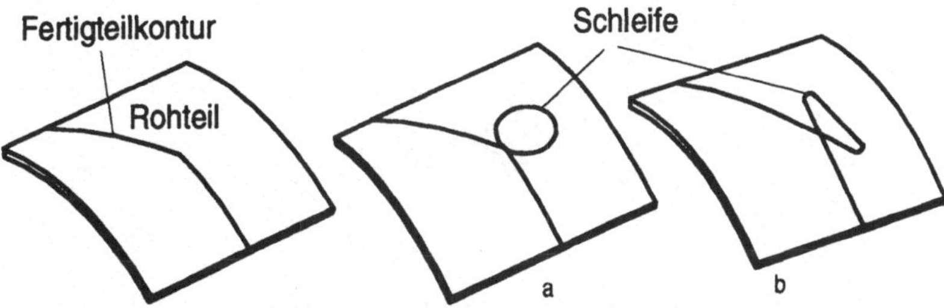

Bild 5-7:   Bauteil mit Richtungsänderung

Treten an Bauteilen mehrere Bearbeitungsabschnitte auf, so muß neben der Definition der Bearbeitungsbahnen die Bearbeitungsreihenfolge rechnergestützt ermittelt werden. Hierbei sind je nach Bearbeitungsaufgabe unterschiedliche Kriterien zu berücksichtigen. Entsprechend der Lage der Start- und Endpunkte der Bearbeitungskonturen läßt sich eine wegoptimierte Bearbeitungsfolge ermitteln. Andererseits sollte bei nahe aneinanderliegenden Konturen die Bearbeitung nicht direkt nacheinander erfolgen, um eine ausreichende Abkühlung der Bauteilpartie zu gewährleisten.

Für die Schneidbearbeitung von geschachtelten Konturen ist zusätzlich darauf zu achten, daß die Konturen von innen nach außen abgearbeitet werden, um eine vollständige Bearbeitung gewährleisten zu können. Sollen mehrere Teile aus einem Rohteil geschnitten werden, ist zusätzlich durch geeignete Anordnung der Teile auf eine optimale Ausnutzung des Rohteils zu achten [HOFF 92].

5.2.2.2 Anlagenabhängige Strategien

Für die Laserbearbeitung wird eine orthogonale Ausrichtung des Laserstrahls zur Werkstückoberfläche benötigt. Diese Forderung kann jedoch im Bereich der räumlichen Laserbearbeitung nicht immer erfüllt werden. Probleme ergeben sich, wenn starke Orientierungsänderungen in tangentialer Bahnrichtung an Kanten und kleine Radien auftreten. Bild 5-8 verdeutlicht, welche Achsbewegungen beim Abfahren derartiger Konturen erforderlich sein können.

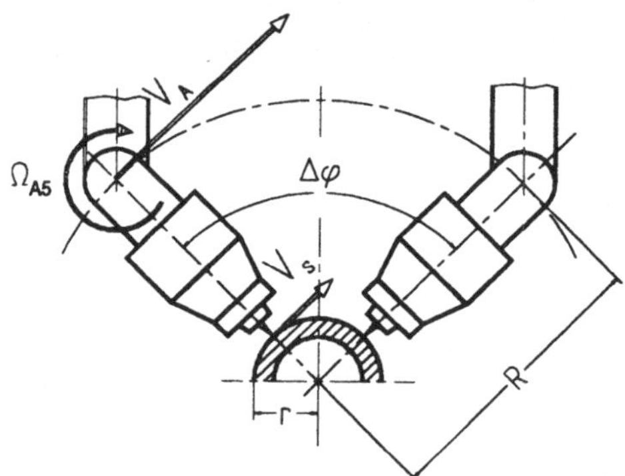

Bild 5-8:   Orientierungsänderungen des Bearbeitungskopfes

Bei sehr kleinen Radien r ist es dem Handhabungsgerät nicht möglich, die erforderliche Umorientierung $\Delta\varphi$ mit der geforderten Geschwindigkeit auszuführen. Dies liegt im wesentlichen daran, daß Orientierungsänderungen bei konstanter Tool-Center-Point (TCP)-Vorschubgeschwindigkeit V_s in extrem kurzer Zeit erfolgen müßten, was aber aufgrund der Trägheit und der begrenzten Beschleunigungen des Handhabungsgerätes nicht möglich ist. Untersuchungen von [HAFE 91] zeigen, daß sich bereits bei geringen Vorschubgeschwindigkeiten Achswinkelgeschwindigkeiten Ω_{A5} ergeben, die mit Robotern nicht realisierbar sind. Dennoch lassen sich auch solche Konturen durch eine modifizierte Bahnführung bearbeiten.

Eine Strategie für konvexe Flächenübergänge ist eine im Anfangsbereich schleppende und im Endbereich stechende Bearbeitung, wobei ein prozeßspezifischer Grenzwinkel W_{max} nicht überschritten werden darf, um eine sichere Prozeßführung zu gewährleisten (vgl. Bild 5-9). W_{max} gibt den Winkel zwischen Oberflächennormalen und der Laserstrahlachse an. Dieser liegt für das Schneiden bei ca. 5° und für das Schweißen bei ca. 35° [BIER 91].

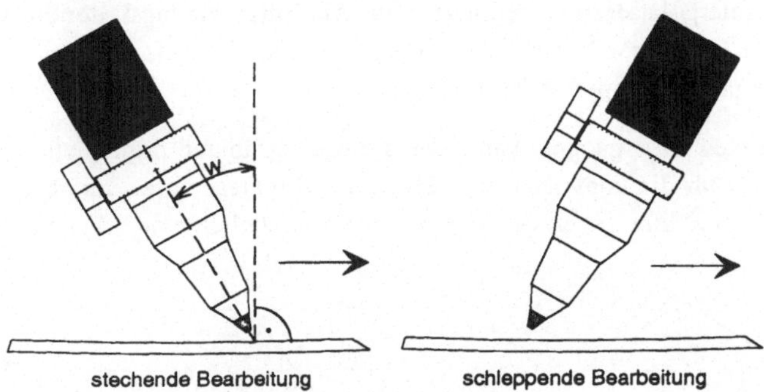

Bild 5-9:   stechende/schleppende Bearbeitung

Ist der Winkel W für eine bestimmte Anwendung ausreichend, wird ab einer Entfernung L_{Kant} von der Kante die Orientierung sowohl vor als auch nach der Kante um eine kontinuierlich größer werdende Winkeländerung delta W_x derart korrigiert, daß an der Kante der maximal zulässige Winkel W_{max} erreicht wird. An der Kante soll dabei der gemittelte Normalenvektor der beiden Grenzflächen erreicht werden. Bild 5-10 zeigt diese Anpassung, wobei die Korrekturlänge L_{Kant} auf Erfahrungswerten oder experimentell ermittelten Werten beruht.

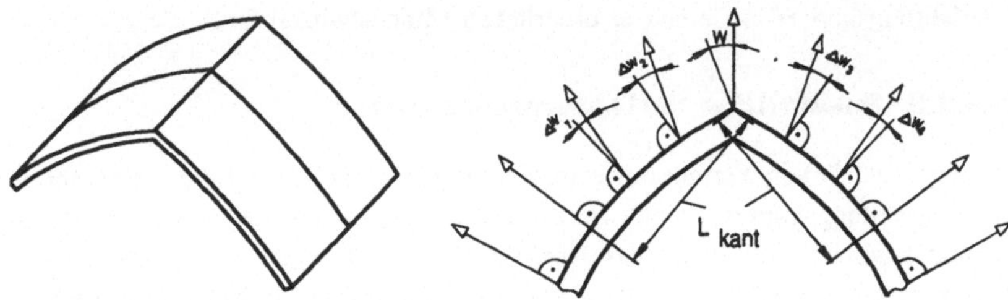

Bild 5-10:   konvexe Orientierungsänderungen

Bei größeren Umorientierungen geht man ähnlich vor, wobei mit Erreichen des Grenzwinkels dieser bis in Kantennähe beibehalten wird. Um die verbleibende Orientierungsänderung zu überwinden, wird die Geschwindigkeit reduziert und der Kantenpunkt mit dem gemittelten Normalenvektor als Zwischenpunkt verwendet. Dieser Vorgang könnte prinzipiell auch direkt an der Kante erfolgen, was aber bei der Verarbeitung in der Maschinensteuerung problematisch wird, wenn der Abstand zweier Punkte kleiner ist als die Strecke, die von der Steuerung

in einem Interpolationstakt definiert wird. Als Entscheidungskriterium wird hier
sowohl die Größe der Normalenänderung benötigt, als auch die Grenzwinkel für
stechende und schleppende Bearbeitung.

Bei konkaven Übergängen kann der Bewegungsablauf prinzipiell so geplant
werden, wie für die konvexen (vgl. Bild 5-11). Im Gegensatz zum oben beschriebenen Fall muß hier neben den Grenzwinkeln zusätzlich eine mögliche Kollision

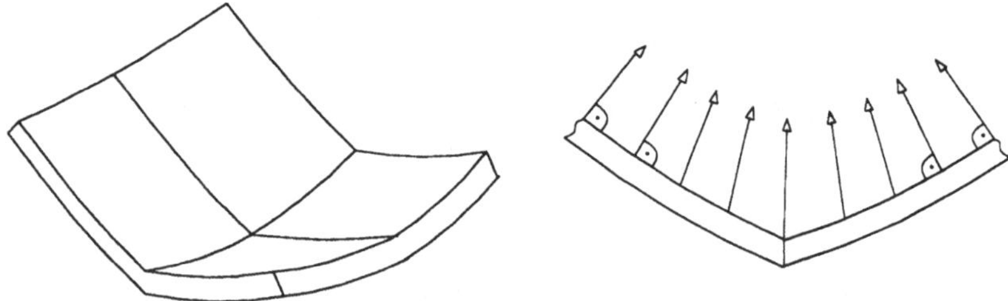

Bild 5-11:   konkave Orientierungsänderung

des Bearbeitungskopfes mitberücksichtigt werden, da dieser im Gegensatz zur
Wirkstelle des Laserstrahls relativ große Ausmaße besitzt. Diese Randbedingun-
gen schränken die Bearbeitbarkeit derartiger Konturen je nach Ausführung des
Bearbeitungskopfes auf einen erforderlichen Mindestwinkel ein.

5.2.2.3 Zusätzliche Verfahranweisungen

Zu den zusätzlichen Verfahranweisungen gehört das kollisionsfreie Heranführen
des Bearbeitungskopfes an die Werkstückposition, an der die eigentliche Bearbeitung beginnen soll sowie das Abfahren in eine definierte Endposition nach
Beendigung der Bearbeitung. Dabei ergibt sich die Notwendigkeit, Informationen
über applikationsabhängige Anlagenkomponenten, wie beispielsweise Sensorsysteme, zu berücksichtigen.

Beim Einsatz von Sensorik müssen zusätzliche Bahnpositionen und Programmanweisungen definiert werden, um ein sicheres Heranführen des Bearbeitungswerkzeuges an das Werkstück zu gewährleisten. Aus experimentellen Untersuchungen im Rahmen dieser Arbeit können sensorabhängige Strategien bestimmt
werden.

Bild 5-12 und Bild 5-13 zeigen zwei unterschiedliche Bewegungsabläufe beim
Heranführen des Bearbeitungskopfes an das Werkstück, wenn der Anschnitt direkt

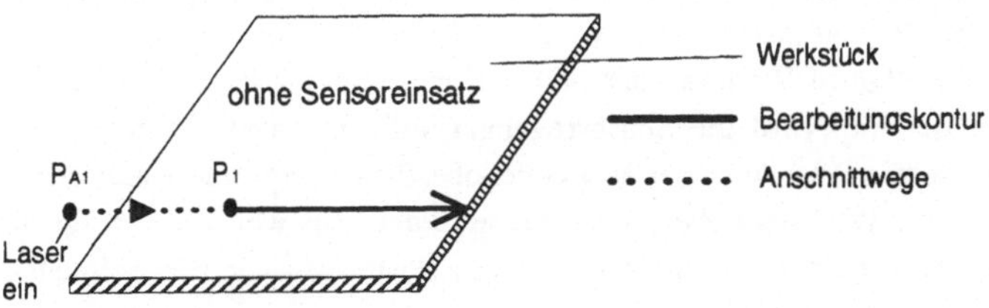

Bild 5-12: Anfahrstrategie ohne Sensoreinsatz

am Bauteilrand beginnt. In Abhängigkeit vom Einsatz einer Abstandssensorik unterscheidet sich die Anfahrstrategie. Wenn ohne Sensoreinsatz gearbeitet wird, fährt man einen Ausgangspunkt P_{A1} vor dem ersten Konturpunkt P_1 an (vgl. Bild 5-12). P_1 liegt dabei außerhalb des Werkstückes in einer Ebene, die tangential zur Bauteiloberfläche ist. An dieser Position wird der Laser aktiviert und tangential zur Bearbeitungskontur durch den ersten Punkt P_1 weitergefahren.

Bei der Abstandsregelung über ein Sensorsystem mit Zusatzachse, dessen Prinzip und Einsatzmöglichkeiten für das Laserschneiden in Abschnitt 6.7.2 ausführlich erläutert wird, kann der Ausgangspunkt P_{A1} nicht direkt angefahren werden, da sich das Werkstück für die Erzeugung eines Meßsignals im Meßfeld des Sensorsystems befinden muß (vgl. Bild 5-13). In diesem Fall muß vorab ein zusätz-

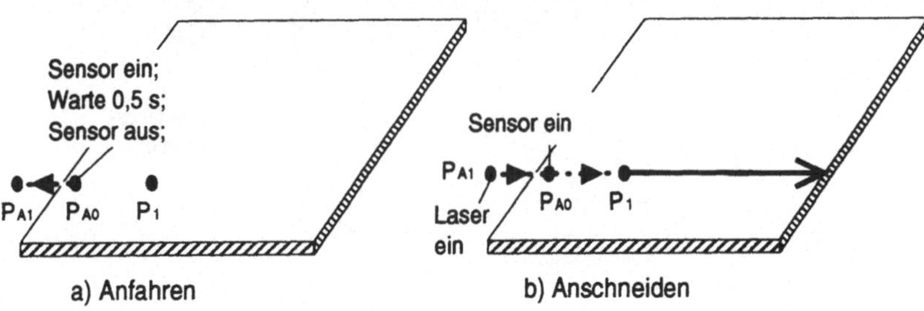

Bild 5-13: Bahnplanungsstrategie beim Sensoreinsatz mit Zusatzachse

licher Positionspunkt P_{A0} angefahren werden. An dieser Position wird die Abstandsregelung aktiviert (vgl. Bild 5-13 a). Nachdem die Zusatzachse eingeregelt ist (hier nach ca. 0,5 s) und somit den vorgegebenen Abstand zwischen Werkzeugspitze und Werkstückoberfläche eingestellt hat, wird die aktuelle Position der Sensorzusatzachse "eingefroren", die Sensorregelung ausgeschaltet und linear zum Punkt P_{A1} gefahren. Dort wird der Laser aktiviert und die Bearbeitungskontur über P_{A0} in Richtung des ersten Konturpunktes P_1 angefahren (vgl. Bild 5-13 b). Bei P_{A0} wird die Sensorregelung aktiviert, weil ab diesem Punkt das Sensorsystem wieder über der Werkstückoberfläche liegt und somit den Abstand der Düse zur Werkstückoberfläche messen kann. Im weiteren erfolgt die Bearbeitung des Werkstückes entsprechend den Positionen der Bearbeitungskontur.

Bild 5-14 zeigt die Strategie für das Heranfahren eines Bearbeitungswerkzeuges beim Einsatz von vorlaufenden Sensorsystemen. Ein Problem dieser Sensoren besteht darin, daß sie meist einen sehr begrenzten Sichtbereich besitzen. Der Bewegungsablauf muß so gestaltet werden, daß der Sensor sich von einem außerhalb des Werkstücks definierten Ausgangspunkt über verschiedene Suchpunkte in Richtung des Beginns der Bearbeitungskontur bewegt. Sobald das Sensorsystem die Bearbeitungskontur erkannt hat, kann mit der Bearbeitung begonnen werden. Die Definition der Ausgangs- und Suchpositionen ist ebenfalls Aufgabe der Bahnplanung und muß in den sensorspezifischen Ablaufstrategien berücksichtigt werden.

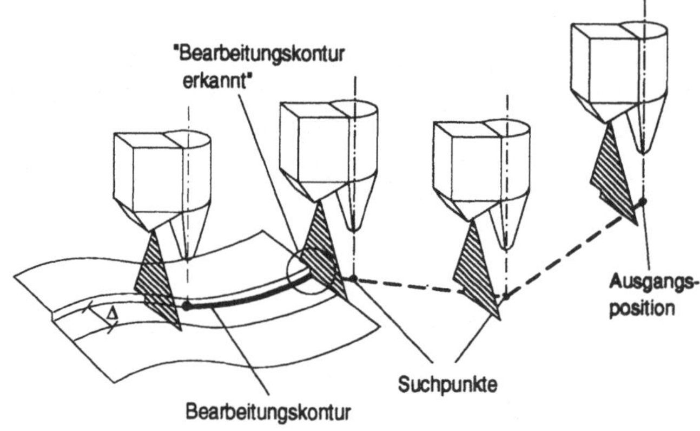

Bild 5-14: Anfahrstrategie bei vorlaufendem Sensorsystem

Ebenso wichtig wie das Anfahren und Starten der Bearbeitung ist das Beenden und Wegfahren von der Bauteilkontur. Auch hier kommt eine ähnliche Vorgehensweise wie bei den sensorspezifischen Anfahrstrategien zum Einsatz. Das Bearbeitungswerkzeug muß, nachdem die Bearbeitungsschritte am Werkstück abgeschlossen sind, in eine definierte Endstellung gebracht werden. Im Rahmen der Bahnplanung müssen diese zusätzlichen Verfahrwege rechnergestützt generiert und so gestaltet werden, daß die Endstellung kollisionsfrei erreichbar ist.

5.2.3 Interpolationsarten der Steuerung

Die Bahninformation enthält Vektoren, die sich aus Bahnpunkten mit zugehörigen Orientierungsangaben zusammensetzen. Sie bildet die Grundlage für das Erstellen der RC-Programme. Zusätzlich müssen bei der rechnergestützten Generierung der Bahninformation bereits die Interpolationsarten der eingesetzten Robotersteuerung berücksichtigt werden. Interpolation bedeutet die Berechnung von Punkten zwischen vorgegebenen Stützpunkten [HILP 89, WEI 92]. Nahezu alle Robotersteuerungen enthalten standardmäßig die Linearinterpolation, die eine geradlinige Bewegung zwischen zwei Bahnpunkten ermöglicht (vgl. Bild 5-15). Leistungsfähigere Steuerungen verwenden zusätzlich die Zirkular- und Spline-Interpolation, die die Beschreibung von Kreisen bzw. Kreissegmenten und Splines nur durch einige wenige Punkte ermöglichen. Somit wird eine deutliche Reduktion der Datenmenge erreicht. Die im Rahmen dieser Arbeit zu entwickelnden Algorithmen zur rechnerunterstützten Erstellung der Bahninformation müssen die unterschiedlichen Interpolationsarten unterstützen (vgl. Bild 5-15).

Dazu muß der gesamte Bahnverlauf rechnergestützt analysiert und in einzelne Konturelemente zerlegt werden. Konturelemente gliedern sich in

- Geradenstücke,

- Kreise bzw. Kreissegmente und

- Splines.

Bei Geradenstücken sind nur Anfangs- und Endpunkt nötig, da alle gängigen Robotersteuerungen die Linearinterpolation enthalten und zwischen zwei Punkten linear interpolieren können.

Für Kreissegmente bzw. Kreise ergeben sich je nach Interpolationsverfahren der Steuerung zwei verschiedene Möglichkeiten um das Konturelement zu beschreiben. Wenn die verwendete Steuerung über eine Zirkularinterpolation verfügt, reicht die Angabe von Anfangs- und End- sowie eines Zwischenpunktes, um das Konturelement zu beschreiben. Steht keine Zirkularinterpolation zur Verfügung, so muß die Interpolation des Kreises auf eine Linearinterpolation zurückgeführt werden. Dazu wird der Kreis polygonalisiert, d.h. je nach geforderter Genauigkeit in eine bestimmte Anzahl gleichmäßig am Umfang verteilter Geradenstücke zerlegt (vgl. Bild 5-16). Zur Festlegung der Punktanzahl ist der Radius r und

Konturelement	Interpolationsart	Bahninformation
Geradenstücke	Linearinterpolation	Anfangs- und Endpunkt 
Radien Kreisbögen Kreise	Linearinterpolation	Punkte der polygonalisierten Kreisform 
	Zirkularinterpolation	Anfangs- und Endpunkt sowie Zwischenpunkt (bzw. Mittelpunkt M und Radius r) 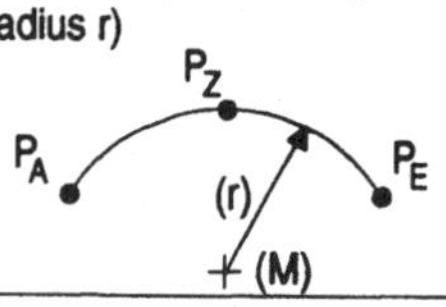
Splines	Linearinterpolation	Punkte des polygonalisierten Splines 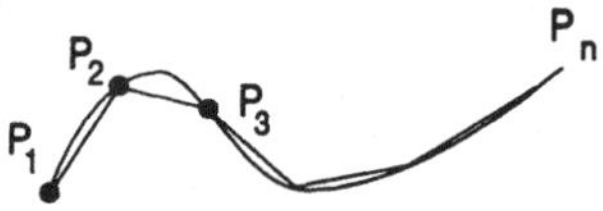
	Splineinterpolation	Stützpunkte Randbedingungen (z.B. Toleranzen) 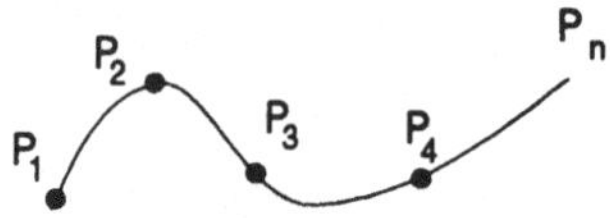

Bild 5-15: Definition der Bahninformation in Abhängigkeit von Konturelement und Interpolationsart

die maximal tolerierbare Bahnabweichung h heranzuziehen. Aus diesen Angaben läßt sich der Schrittwinkel α und die Konturlänge L ermitteln. Diese Zerlegung führt zu einer bestimmten Anzahl an Bahnpositionen, wobei für kleinere Radien mehr und bei größeren Krümmungsradien nur wenige Geradenstücke je Längeneinheit zu erzeugen sind.

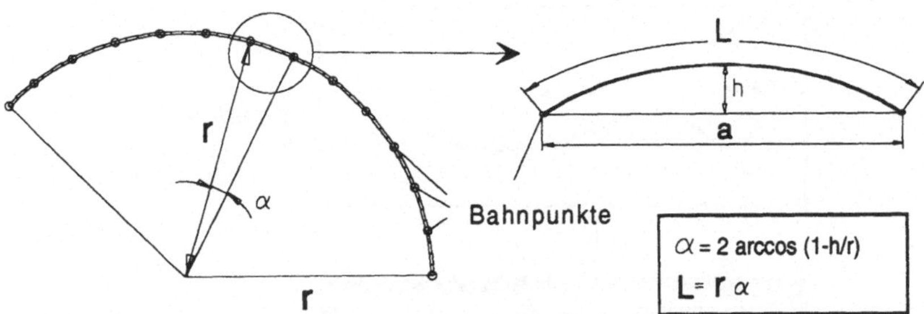

Bild 5-16:   Polygonalisierung von zirkularen Bahnen

Auch bei Splines sind verschiedene Interpolationsverfahren möglich. Bei Steuerungen mit Spline-Interpolation sind nur wenige Stützpunkte zur Beschreibung der gesamten Bahn notwendig. Zusätzlich müssen einige Randbedingungen definiert werden, die sich aus den geforderten Toleranzen bzw. Genauigkeiten ergeben [DIN 66025, WEI 92]. Bei Steuerungen, die keine Splineinterpolation beinhalten, kann man die Interpolation von Splines auf eine Interpolation von Kreissegmenten zurückführen. Splines haben die Eigenschaft, daß die Krümmung der Konturlinie im Gegensatz zu Kreissegmenten nicht konstant bleibt, sondern stark variieren kann. Um eine Approximation von Splines durch Kreissegmente zu erreichen muß man Bereiche konstanter Krümmung ermitteln.

Die Vorgehensweise dazu wird im folgenden unter Bezug auf Bild 5-17 erläutert. Dazu wird ein Spline mit der Konturlänge L in eine Anzahl von Punkten mit sinnvollerweise gleichbleibendem Abstand a_{min} zerlegt, für die jeweils die lokale Krümmung berechnet wird. Aufgrund der begrenzten Rechengeschwindigkeit der Robotersteuerungen darf der Abstand a_{min} zwischen zwei Punkten dabei nicht kleiner gewählt werden, als die bei maximaler Vorschubgeschwindigkeit (v_{max}) in einem Interpolationstakt (t_{IPO}) definierte Strecke. Den Zusammenhang zeigt die Ungleichung 5.1:

$$a_{min} > v_{max} \cdot t_{IPO}$$

(Gl. 5.1)

Die maximale Geschwindigkeit ergibt sich aus dem Standardbearbeitungsfall und ist von der Werkstückart und -dicke sowie von der zur Verfügung stehenden Leistung des Lasers abhängig. Unter Standardbearbeitungsfall wird hierbei das Bearbeiten von ebenen Bauteilen in horizontaler Lage bezeichnet. Der Interpolationstakt wird in der Robotersteuerung vom Hersteller fest vorgegeben. Die im Rahmen dieser Arbeit eingesetzten Steuerungen haben einen IPO-Takt von 32 und 64 ms.

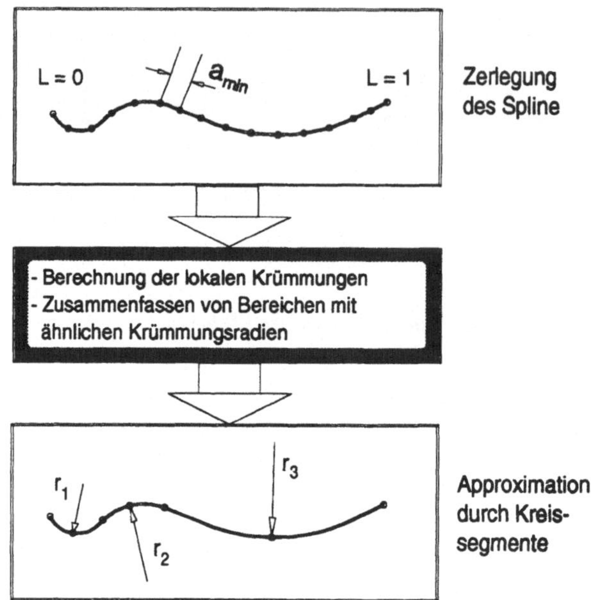

Bild 5-17:   Approximation von Splines durch Kreissegmente

Den jeweiligen lokalen Krümmungsradius ρ in den Punkten ermittelt man entsprechend der Gleichung

$$\rho = \frac{1}{k}$$

(Gl. 5.2)

wobei sich die Krümmung k aus der Parameterform (Gl. 5.3) der Spline-Kurve

$$\vec{r} \triangleq \vec{r}(t) = \begin{Bmatrix} x(t) \\ y(t) \\ z(t) \end{Bmatrix}$$

(Gl. 5.3)

zu

$$k = \sqrt{\frac{\dot{r}^2 \cdot \ddot{r}^2 - (\dot{r} \cdot \ddot{r})^2}{\dot{r}^6}}$$

(Gl. 5.4)

bestimmen läßt [BRON 81]. Die Ableitungen $\dot{r}$ und $\ddot{r}$ entsprechen:

$$\dot{r}(t) = \frac{\partial \vec{r}}{\partial t} \qquad \ddot{r}(t) = \frac{\partial^2 \vec{r}}{\partial t^2}$$

(Gl. 5.5)

Die Bereiche der Splines, in denen sich die lokalen Krümmungsradien nur geringfügig unterscheiden, können durch Kreissegmente angenähert werden. Damit wird aus dem Spline eine Folge von Kreissegmenten. Diese können entsprechend den oben beschriebenen Verfahren für die Interpolation von Kreisen bzw. Kreissegmenten interpoliert werden.

Die im Rahmen dieser Arbeit verwendeten Robotersteuerungen sind mit Linear- und Zirkularinterpolationen, jedoch nicht mit Spline-Funktionen ausgestattet. Splines werden daher entsprechend der in Bild 5-17 dargestellten Vorgehensweise zerlegt und polygonalisiert. Nach der Konturanalyse wird die Bahninformation in einer Ausgabedatei abgelegt.

5.2.4 Ausgabe der Bahninformation

5.2.4.1 Datenformat der Bahninformation

Voraussetzung für die Weiterverarbeitung der Bahninformation in dem Technologieprozessor (Abschnitt 5.3.2) ist ein geeignetes Ablegen der Daten. Dazu ist ein Format nötig, das auch Zusatzinformationen aufnehmen kann. Zu den zusätzlichen Informationen gehören beispielsweise der Name des Bearbeiters, das Erstellungsdatum, die Werkstoffart und -dicke sowie Technologieattribute, die als Platzhalter für Technologieinformationen und Steuerungsanweisungen an die am Gesamtprozeß beteiligten Anlagenkomponenten stehen. Für die rechnergestützte Verarbeitung oder eine Interpretation und Zuordnung in nachfolgenden Teilsystemen ist eine Codierung der Bahninformation erforderlich.

Von den in Abschnitt 4.4 genannten Schnittstellen für Maschinensteuerungen bietet sich grundsätzlich das CLDATA-Format an, welches speziell für die Programmierung von NC-Maschinen mit kartesischen Achsen ausgelegt ist [CLDA 82]. So gleichen die darin darstellbaren Geometrieinformationen, die auch 5-Achsinformationen genannt werden, der für die Bahninformation verwendeten Punkt-Vektor-Beschreibung. Zusätzlich stehen Möglichkeiten zur Verfügung, benutzerspezifische Daten zu integrieren, die für die Einbindung der Technologieattribute verwendet werden können. Aufgrund dieser Anpassungsmöglichkeiten eignet sich dieses Format grundsätzlich für die Bearbeitungsinformation. Für 6-achsige Bahnaufgaben mit Robotern, die im Rahmen dieser Arbeit eingesetzt werden, reicht der Befehlsumfang jedoch nicht vollständig aus. Beispielweise unterteilen Robotersteuerungen Bewegungsanweisungen zwischen zwei Punkten in Linear- und Punkt-zu-Punkt-Befehle. CLDATA sieht diese Unterteilung standardmäßig nicht vor. Um einen vollen Funktionsumfang zu gewährleisten, wird ein in dieser Arbeit konzipiertes maschinenneutrales Zwischenformat eingesetzt, dessen prinzipieller Aufbau in Bild 5-18 dargestellt ist.

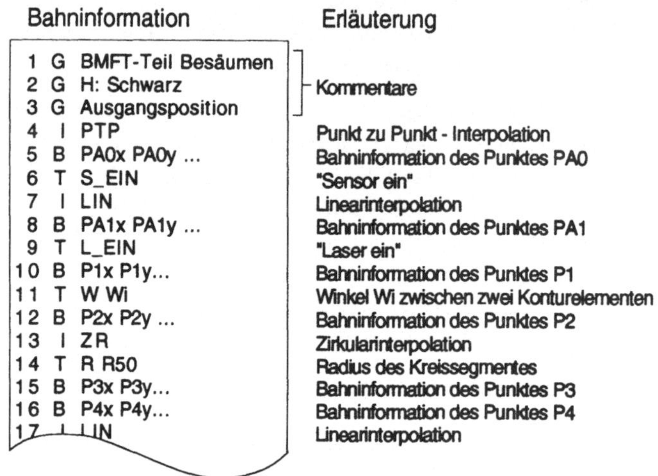

Bild 5-18:   Zwischenformat für die Bahninformation

Die Grundstruktur dieses Formates sieht für jeden Satz eine Zeile mit 3 Bereichen vor. Im ersten Teil befindet sich die aktuelle Zeilennummer, anschließend folgt ein Kennbuchstabe, der den Satztyp festlegt. Der dritte Bereich enthält schließlich die Geometrie- und Zusatzinformationen. Als Kennbuchstaben sind ausschließlich "G", "T", "I" und "B" erlaubt. "G" steht für Angaben zur "G"esamtbearbeitung, mit "T" gekennzeichnete Sätze enthalten "T"echnologieinformationen. Das "I" steht für "I"nterpolationsart und enthält Informationen über die von der Steuerung auszuführende Bewegungsart. Berücksichtigt werden Punkt-zu-Punkt (PTP), Linear-(LIN), Zirkular-(ZR) oder Spline-(SPL) Bewegungen. "B"-Sätze enthalten "B"ahninformationen in Form von sechs Zahlen.

5.2.4.2 Erstellung der Bahninformation

Die Entstehung der Bahninformation wird im folgenden unter Bezug auf Bild 5-19 und Bild 5-20 am Beispiel des Besäumens eines Bauteils verdeutlicht. Die Geometrieinformation des zu bearbeitenden Werkstücks liegt im CAD-System nach Konstruktion bzw. nach dem Einlesen über Schnittstellen vor. Die Bearbeitungskontur wird entsprechend der Vorgehensweise in Bild 5-5 definiert. In der

Konturdatenanalyse erfolgt zunächst eine Zerlegung der Bearbeitungskontur in Geraden (G_i) und Kreissegmente (K_i) (vgl. Bild 5-19). Anschließend werden für die Konturelemente die Positionspunkten P_i mit den zugehörigen Flächennormalen ermittelt. Dabei kann auf Standardfunktionen zugegriffen werden, die die Programmierschnittstelle des eingesetzten CAD-Systems bietet. Als Ergebnis erhält man eine Folge von Oberflächenvektoren bezüglich der ermittelten Positionspunkte. Geraden werden durch zwei, Kreissegmente durch drei Punkte beschrieben. Die Konturelemente sind CAD-intern mathematisch eindeutig beschrieben. Bei Übergängen von einem Konturelement zu einem anderen kann es

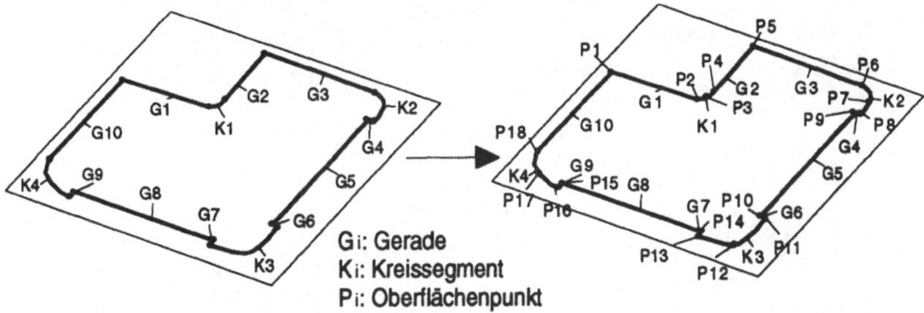

Bild 5-19:   Analyse der Bearbeitungskontur

zu "Doppelpunkten" (z.B. P5) kommen, die nicht differenzierbar sind, da sie zwei verschiedene Tangentenvektoren T_{Gi} (vgl. T_{G2} und T_{G3} in Bild 5-20) besitzen. Der Winkel W_i zwischen den zwei Tangentenvektoren wird in dieser CAD/CAM-Kopplung als Maß für die Größe der Richtungsänderung herangezogen, die ihrerseits als Kriterium für die Anpassung der Technologiedaten an die Bahninformation herangezogen wird (vgl. Abschnitt 5.3.2). Bei Kreisen und Kreissegmenten werden hierfür die Krümmungsradien herangezogen. Aus diesem Grund enthält die Bahninformation zwischen zwei Konturelementen diese Winkel und Radien als weitere Technologieattribute. Zur Bestimmung der Winkel bzw. Radien bietet die Programmierschnittstelle die notwendigen Funktionalitäten. Dabei werden die Winkel über das Skalarprodukt der beiden Tangentenvektoren und die Radien entsprechend der in Abschnitt 5.2.3 beschriebenen Vorgehensweise bestimmt.

Im nächsten Schritt werden die Stellen, an denen eine Bahnplanungsstrategie notwendig ist oder an denen Technologieattribute einzufügen sind, gekennzeichnet. Dies erfolgt in dieser CAD/CAM-Kopplung grafisch interaktiv durch den Planer über Eingabefunktionen des verwendeten CAD-Systems (vgl. Bild 5-20).

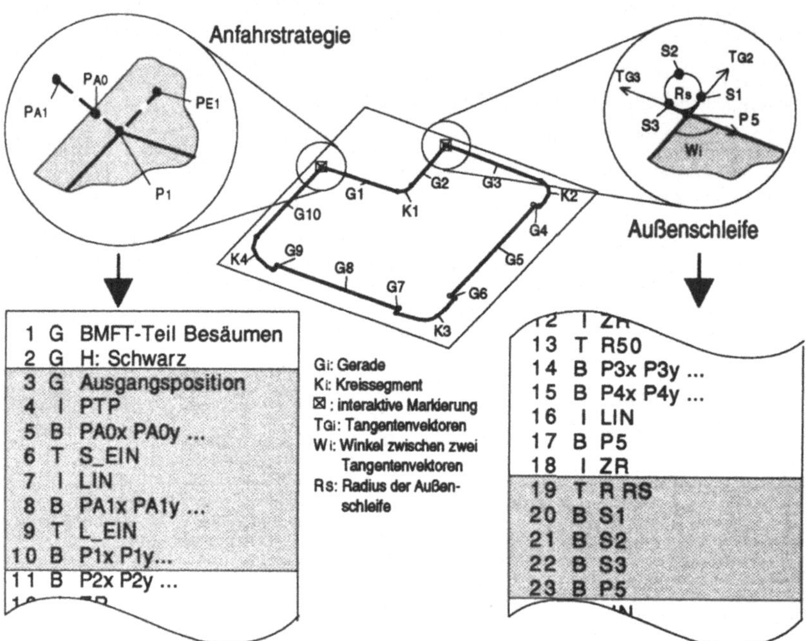

Bild 5-20: Ermittlung der Bahninformation unter Berücksichtigung von Bahnplanungsstrategien

Die Punkte der Konturelemente werden entsprechend der Bearbeitungsrichtung eingetragen, die der Benutzer interaktiv bestimmt. Die Laufrichtung ist für die Erzeugung der zusätzlichen Bahnpunkte für die An- und Abfahrstrategien notwendig (vgl. Abschnitt 5.2.2.1). Ausgehend vom ersten bzw. letzten Konturpunkt werden diese Zusatzpunkte (P_{A1} und P_{E1}) rechnergestützt generiert. Zudem wird das Technologieattribut L_EIN eingefügt, das für die Aktivierung des Laserprozeß steht (vgl. Satz 9 in Bild 5-20).

Wenn der Einsatz von Sensorsystemen vorgesehen ist, werden an den Anfangs- und Endpunkten auch die zusätzlich notwendigen Verfahr- und Steuerungsanweisungen eingefügt. Die Notwendigkeit ergibt sich beispielsweise beim sensorgeführten Anfahren eines Bauteils. Der Anwender ergänzt an diesen Stellen grafisch interaktiv die Ausgangspositionen, Suchpunkte und Sensoranweisungen (vgl. Abschnitt 5.2.2.3). Bild 5-20 zeigt unter Bezug auf Bild 5-13, wie aus diesen Angaben die Bahninformation erstellt wird. Am Bauteilrand wird ein Ausgangspunkt P_{A0} definiert. An dieser Position muß der Sensor aktiviert werden. Dazu

wird die Bahninformation an dieser Position um das entsprechende Technologieattribut S_EIN ergänzt (vgl. Satz 6 in Bild 5-20).

Die Generierung der Außenschleifen bei konvexen Ecken kann rechnergestützt
oder interaktiv erfolgen. Wichtig dabei ist, daß die Enden der Außenschleife
tangential an der Bearbeitungskontur enden. Bei der rechnergestützten Generierung muß der Planer nur den Radius R$_S$ angeben (vgl. Bild 5-20). Aus diesen
Informationen erzeugen CAD-Funktionen einen Kreis an den beiden Tangenten
und die zugehörigen Stützpunkte. In Bild 5-20 sind dies S1, S2 und S3. Zum
Abfahren eines Kreises benötigen die eingesetzten Robotersteuerungen diese
Stützpunkte für die Zirkularinterpolation. Wenn der Anwender andere Außen-
schleifenformen verwenden möchte, kann er die entsprechenden Konturen interaktiv generieren. Die zugehörigen Vektorfolgen werden hierzu ebenfalls rechnergestützt erzeugt.

5.3 Verknüpfen von Geometrie und Technologie

Um optimale Bearbeitungsergebnisse zu erhalten, ist neben einer optimierten
Bahnplanung die Wahl der Technologiedaten von großer Bedeutung
[GARN 89B]. Im Rahmen der CAD/CAM-Kopplung soll daher ein Technologieprozessor eingesetzt werden, der die einstellbaren Technologieparameter und
Steuerungsanweisungen an die Peripheriegeräte mit der Bahninformation verknüpft. Als Ergebnis dieser Kombination entsteht die Bearbeitungsinformation,
die alle Daten enthält, die zur Programmgenerierung notwendig sind (vgl. Bild
5-21). Um dies zu realisieren muß der Technologieprozessor die Ermittlung der
Technologiedaten und die Kopplung der Geometrie- und Technologiedaten ermöglichen.

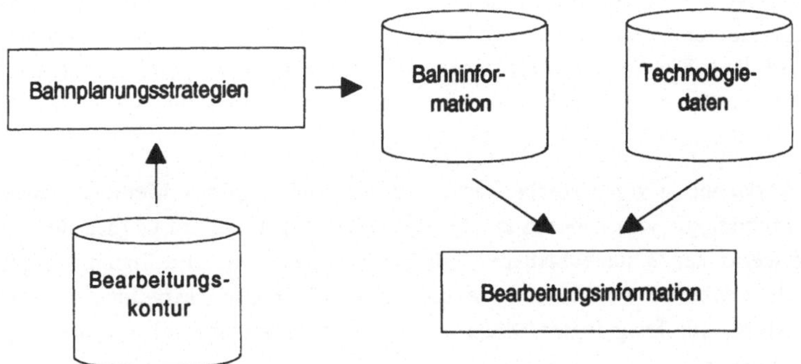

Bild 5-21: Entstehung der Bearbeitungsinformation

5.3.1   Ermittlung der Technologiedaten

Bei den Technologiedaten unterscheidet man, wie in Bild 5-22 dargestellt, zwischen Laser-, Prozeß- und Maschinenparameter. In diesem Bild wird deutlich, welche Vielzahl von Parametern beim Einsatz von Roboter-Laseranlagen eine Rolle spielen.

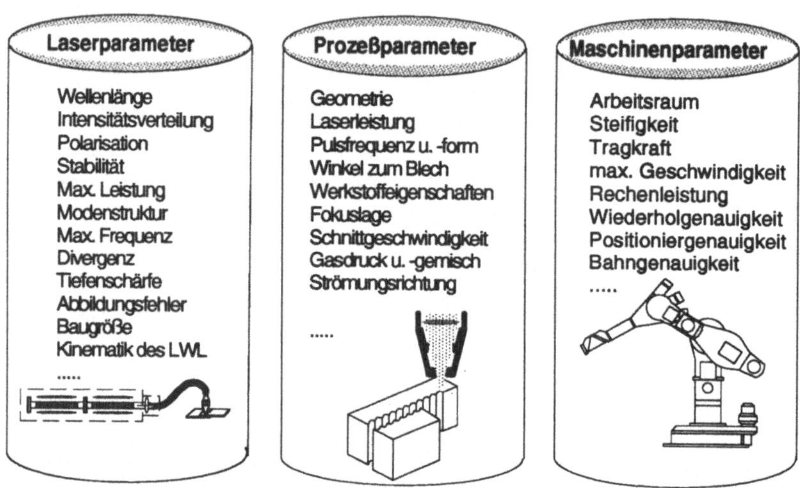

Bild 5-22:   Technologiedaten in Laseranlagen

Die Laser- und Anlagenparameter sind größtenteils durch den Aufbau und die Konfiguration des Lasersystems und des Roboters vorgegeben. Sie werden vom Hersteller werksseitig festgelegt bzw. eingestellt und können vom Anwender nur bedingt verändert werden. Prozeßparameter sind unmittelbar mit dem Bearbeitungsverfahren verknüpft und haben einen Einfluß auf den Laserprozeß [GEBH 91]. Sie können vom Anwender eingestellt und optimiert werden. Die Ermittlung der erforderlichen Technologieinformationen kann, wie in Bild 5-23 dargestellt ist, auf zwei Wegen erfolgen.

Die Verwendung von Datenbanken ist zur Zeit die gängigste Methode, erworbenes Technologiewissen bereit zu stellen [SPUR 90]. In diesen werden die Erfahrungswerte der Anlagenbediener interaktiv eingegeben. Die Technologiedaten enthalten dabei die Parameterwerte, die für eine Bearbeitungsart eines bestimmten Werkstoffs mit festgelegter Dicke im Standardbearbeitungsfall optimale Ergebnisse liefern.

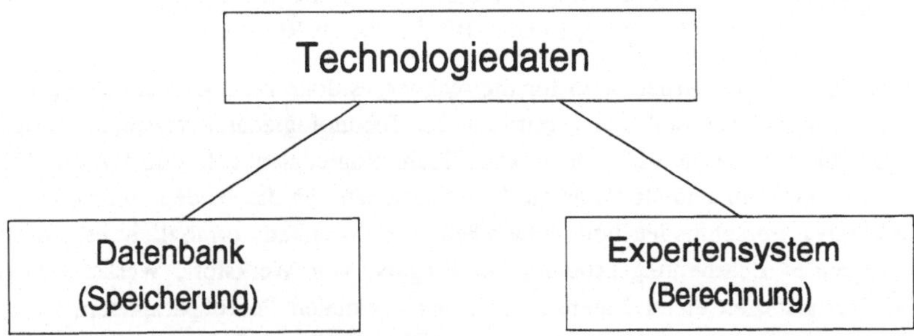

Bild 5-23: Technologiedatenquellen

Als weitere Möglichkeit ist die Anbindung von Expertensystemen denkbar, die neben der Bereitstellung zusätzlich eine Berechnung der Technologiedaten vornehmen. Einen prinzipiellen Lösungsansatz zeigt Bild 5-24. In der Konstruktion werden neben den geometrischen, werkstoff- und maschinenspezifischen Angaben die Anforderungen an das Bauteil festgelegt. Anhand dieser Anforderungen werden die Prozeßparameter rechnergestützt ermittelt. Dies erfordert die Integration von Prozeßmodellen, die Geometrie-, Werkstoff- und Fertigungswissen einbeziehen und den Laserprozeß abbilden [MILB 92C]. Zugehörige materialspezifische

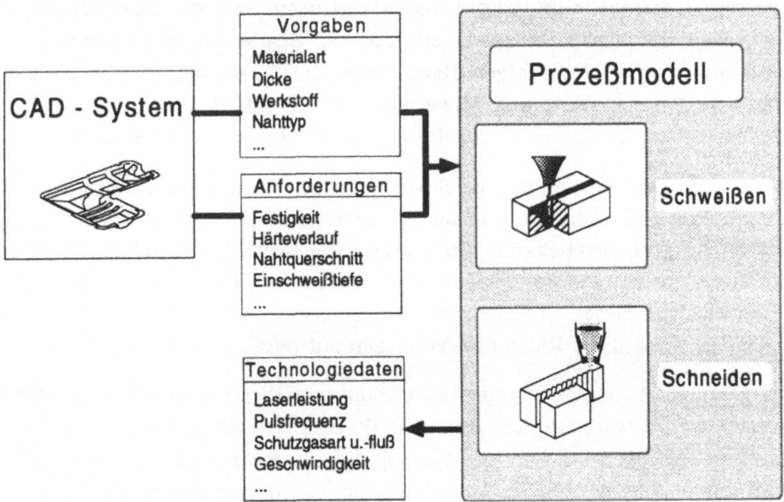

Bild 5-24: Berechnung der Technologieparameter [nach MILB 93]

Größen, wie die Wärmeleitfähigkeit, müssen je nach Materialart innerhalb des Prozeßmodells zur Verfügung stehen [BECK 89, BERG 83, ROTH 86].

Im Rahmen dieser Arbeit wird für die rechnergestützte Programmerstellung eine Datenbank zur Auswahl und Ermittlung der Technologiedaten verwendet. Dabei kommt die in [GARN 92B] entwickelte Technologiedatenbank zum Einsatz. Das Datenbanksystem enthält Parameterkombinationen für die beiden Bearbeitungs- verfahren Laserschneiden und -schweißen. Die Datenbank ermöglicht es, für ein vorliegendes Bearbeitungsproblem bei Eingabe von Werkstoff, Werkstoffdicke und Suchkriterien einen Datensatz mit den optimalen Prozeßparametern zu er- mitteln. Als Suchkriterium kann beispielsweise die Bearbeitungsgeschwindigkeit oder die Rauhtiefe vorgegeben sein. Die zugehörigen ermittelten Daten entspre- chen dem Standardbearbeitungsfall (vgl. Abschnitt 5.2.3). Falls keine direkt vergleichbaren Daten verfügbar sind, werden die Parameter interpolierend bzw. extrapolierend approximiert. Zusätzlich enthält das System Funktionen zur Or- ganisation der Dateien, um eine Datenübertragung in andere Systeme zu ermög- lichen [GARN 92B]. In dieser CAD/CAM-Kopplung ist es mit diesen Funktionen möglich, daß Technologiedaten an den Technologieprozessor übergeben werden.

5.3.2 Anpassung der Technologiedaten

An problematischen Konturstellen muß eine dynamische Anpassung der für den Bearbeitungsprozeß notwendigen Technologiedaten wie die Laserleistung, die Betriebsart des Lasers, Pulsparameter und die Bearbeitungsgeschwindigkeit an die Bearbeitungskontur erfolgen. Dazu werden die Technologieattribute der Bahn- information durch Werte und Anweisungen ersetzt, die bei der Programmgene- rierung rechnergestützt in direkte Programmbefehle umgewandelt werden.

Prinzipiell ist die Bearbeitungsgeschwindigkeit zu maximieren, um eine möglichst kurze Taktzeit zu erreichen. Im Standardbearbeitungsfall ergibt sich die erzielbare Geschwindigkeit als Funktion der zu bearbeitenden Materialstärke, der Werk- stoffeigenschaften und der verfügbaren Laserleistung [HÜGE 92]. Zusätzlich ist die erreichbare Geschwindigkeit von der Geometrie der zu bearbeitenden Bahn abhängig, wenn diese Richtungsänderungen aufweist.

Bei größeren Richtungsänderungen der Bahn muß die Geschwindigkeit reduziert werden, weil dabei häufig die maximale Winkelgeschwindigkeit einzelner Robo- terachsen erreicht wird. Die Verringerung der Geschwindigkeit an diesen Stellen muß durch eine geschwindigkeitsabhängige Laserleistungsanpassung ausgegli- chen werden, um eine gleichbleibende Bearbeitungsqualität zu gewährleisten. Als eine Bedingung für eine gleichmäßige Wärmeeinbringung kann hier eine konstante Streckenenergie (Laserleistung/ Vorschubgeschwindigkeit) angesetzt werden. Bedingt durch den linearen Zusammenhang zwischen Streckenenergie und Geschwindigkeit läßt sich hier die erforderliche mittlere Laserleistung einfach ermitteln [HÜGE 92].

Bei gepulsten Lasern (vgl. Abschnitt 2.1.1) muß zusätzlich berücksichtigt werden, daß sich die mittlere Laserleistung aus den Parametern Pulsfrequenz und Pulsverlauf zusammensetzt [IFFL 90]. Ausschlaggebend für die Art der automatischen Anpassung der mittleren Leistung an die Vorschubgeschwindigkeit sind in diesem Fall die Möglichkeiten, die das Lasersystem und die Steuerung zur Verfügung stellen.

Aus diesen Überlegungen wird deutlich, daß bei der Verknüpfung von Geometrie- und Technologiedaten eine Vielzahl von Einflußgrößen und Parameterkombinationen zu berücksichtigen sind. Beispielsweise ist die Art der Geschwindigkeitsverringerung der Roboter bei einer Richtungsänderung der Bahn von weiteren Einflußgrößen wie der Bearbeitungslage im Arbeitsraum, der Art des Überschleifens, dem Interpolationstakt, der geforderten Bauteilqualität und der Bauform abhängig.

Ein universeller Technologieprozessor müßte all diese Punkte und Zusammenhänge berücksichtigen. Ziel dieser Arbeit ist es zu zeigen, wie mit einem Technologieprozessor prinzipiell die Kopplung von Geometrie und Technologie erfolgen kann. Im weiteren wird die dabei angewandte Vorgehensweise unter Bezug auf Bild 5-25 dargestellt.

Die Sätze der Bahninformation mit den Kennbuchstaben "G", "B" und "I" werden unverändert direkt in die Bearbeitungsinformation übertragen. Der Technologieprozessor analysiert ausschließlich die "T"-Sätze und ergänzt diese um konkrete Parameterwerte. Dazu muß der Anwender zunächst die Laseranlage angeben, an der die Bearbeitung erfolgen soll. Die Anlagenbeschreibung enthält neben den Hauptkomponenten Laser und Roboter auch die Angabe der eingesetzten Bearbeitungswerkzeuge und Sensorsysteme. Diese Informationen sind für die rechnergestützte Programmerstellung notwendig (vgl. Abschnitt 5.4). Zudem gibt der Anwender über einen Eingabeeditor interaktiv die Werkstoffart, klassifiziert durch die Werkstoffnummer, und die Werkstoffdicke ein. Ausgehend von diesen Informationen werden über eine Datenschnittstelle die zugehörigen Prozeßparameter, in Bild 5-25 die Startwerte der Laserleistung L und der Bearbeitungsgeschwindigkeit v, aus der Technologiedatenbank ausgewählt. Diese Daten werden als Ausgangswerte für die Bearbeitung verwendet und an der Stelle der Bearbei-

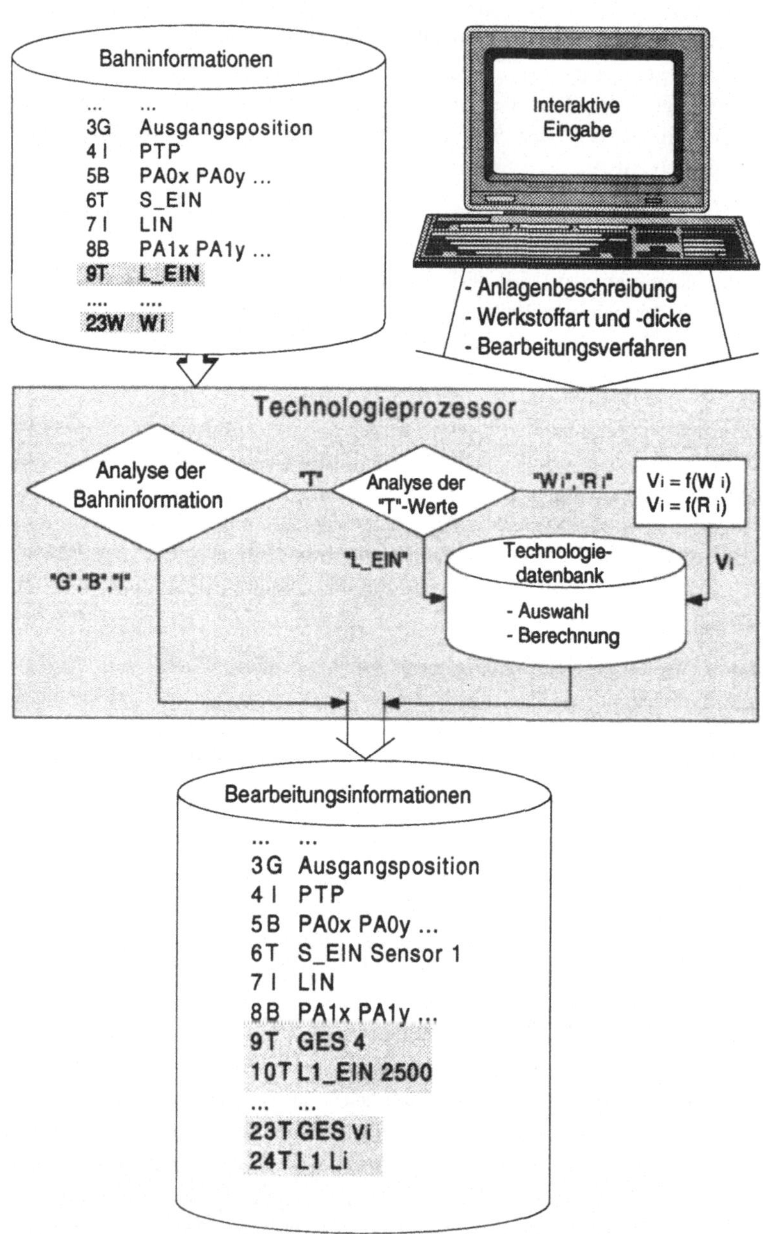

*Bild 5-25: Technologieprozessor zur Verknüpfung von Geometrie und Techno-
logie*

tungsinformation eingefügt, an der der Laser das erste Mal aktiviert wird. In Bild 5-25 setzt der Technologieprozessor das Technologieattribut L_EIN in konkrete Startwerte für die Geschwindigkeit (4 m/min) und Laserleistung (2500 W) um.

Die geometrischen Größen, an der sich in dieser CAD/CAM-Kopplung die Parameteranpassung an den entsprechenden Konturstellen orientiert, sind die Winkel und die Krümmungsradien der Bearbeitungskontur, die mit der Bahninformation ermittelt werden (vgl. Abschnitt 5.2.4). Diese Vorgehensweise wird im folgenden unter Bezug auf Bild 5-25 für die Anpassung der Prozeßparameter v_i und L_i am Beispiel eines Winkels W_i erläutert.

Im ersten Schritt wird ausgehend vom Bahnwinkel W_i bzw. vom Bahnradius R_i über die Abhängigkeit

$$v_i = f(W_i)\ bzw. \qquad\qquad (Gl.\ 5.6)$$

$$v_i = f(R_i) \qquad\qquad (Gl.\ 5.7)$$

die zugehörige Bearbeitungsgeschwindigkeit v_i ermittelt. Die Funktionen $f(W_i)$ bzw. $f(R_i)$ sind von der jeweiligen Roboteranlage abhängig und müssen experimentell ermittelt werden (vgl. Abschnitt 6.4). Ausgehend von der Geschwindigkeit v_i wird über den funktionalen Zusammenhang

$$L_i = E \cdot v_i \qquad\qquad (GL.\ 5.8)$$

die zugehörige Laserleistung L_i innerhalb der Datenbank bestimmt, wobei die erforderliche Streckenenergie E in der Datenbank gegeben ist [GARN 92B]. Bei sehr kleinen Geschwindigkeiten ist dieser Zusammenhang nicht mehr gültig [TREI 90]. Daher wird als Untergrenze der Laserleistung ein Minimalwert vorgegeben, der auch bei sehr kleinen Geschwindigkeiten nicht unterschritten werden darf, um einen stabilen Prozeß zu gewährleisten. Nachdem die zu dem jeweiligen Winkel gehörenden Parameterwerte ermittelt sind erfolgt der Eintrag der Werte in die Datei an der entsprechenden Bahnposition durch mit "T" gekennzeichnete Sätze.

Die Technologiewerte sind von den dynamischen Eigenschaften der eingesetzten Roboter-Laseranlage und von der Bearbeitungslage abhängig. In dieser Arbeit kann dabei auf Ergebnisse von [GARN 92B] zurückgegriffen werden, der experimentelle Untersuchungen an den Roboter- und Lasertypen durchgeführt hat, die auch in dieser Arbeit zum Einsatz kommen.

Das Ergebnis der Verknüpfung von Geometrie und Technologie, die Bearbeitungsinformation, wird in dem Zwischenformat gemäß Bild 5-18 abgelegt, das die Informationen enthält, die zur rechnergestützten Programmerstellung nötig sind.

5.4   Programmerstellung und grafische Simulation

5.4.1   Randbedingungen und Möglichkeiten

Zur Erstellung des RC-Programms ist ein Programmiermodul erforderlich. Die Aufgabe des Moduls ist im wesentlichen das Verarbeiten der Bearbeitungsinformationen mit anlagenspezifischen Geometrieangaben zu einem maschinenabhängigen Roboterprogramm. Zu den anlagenspezifischen Geometrieangaben gehören unter anderem Angaben über die Relativlage zwischen Roboter- und Bauteilkoordinatensystem sowie über das verwendete Werkzeug. Schwierigkeiten bereitet hierbei die Einhaltung verschiedener Randbedingungen. Dazu zählen die Einhaltung einer definierten Werkzeugorientierung oder Mehrdeutigkeiten bei der Positionsbestimmung. Die Werkzeugorientierung ist gerade beim Einsatz von Bahnfolgesensoren von großer Bedeutung. In diesen Fällen ist das Werkzeug nicht mehr rotationssymmetrisch, weil das Sensorsystem vorlaufend zum Laserstahl angebracht sein muß (vgl. Bild 5-14). Diese Randbedingung muß bei der Programmerstellung beachtet werden.

Außerdem sind zu den Bearbeitungspositionen die jeweiligen Roboterstellungen zu bestimmen. Ein Problem ist hierbei die Rücktransformation; d.h. die Berechnung der einzelnen Achsstellungen bei Vorgabe der Werkzeugstellung (=Bearbeitungsposition) in karthesischen Koordinaten. Hier existieren je nach Art des Roboters (Anzahl, Art und Anordnung der Achsen) keine, eine, mehrere oder unendlich viele Lösungen der Rücktransformation. Mehrdeutigkeiten ergeben sich beispielsweise bei Robotern mit sechs rotatorischen Achsen, weil sich zu einer gewünschten Bearbeitungsposition eine größere Anzahl von möglichen Achsstellungen ergeben (vgl. Bild 5-26). Zur Lösung der Rücktransformationen für verschiedene Roboterkinematiken müssen explizite und iterative Lösungsverfahren angewendet werden [TAUB 90].

Zusätzlich wird in dieser CAD/CAM-Kopplung zur grafischen Darstellung und Überprüfung des Bearbeitungsablaufes ein von [WRBA 90, TAUB 90] konzipiertes und entwickeltes Simulationssystem eingesetzt. Simulationssysteme sind bei der Laserbearbeitung mit Robotern von großem Nutzen, weil man es aufgrund

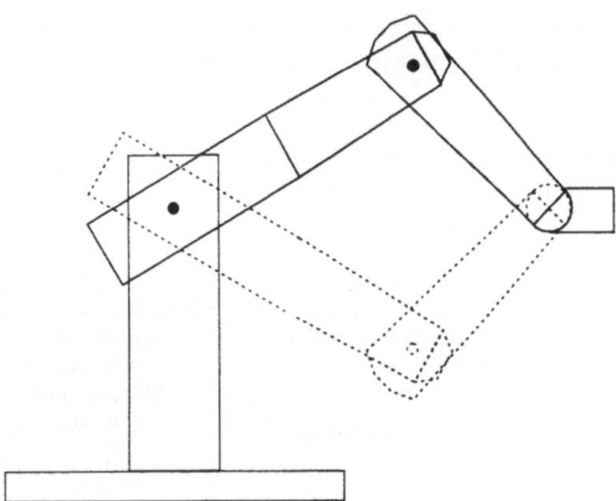

Bild 5-26: Doppeldeutigkeit bei der Positionsbestimmung

der notwendigen Kopplung von Laser und Roboter über Strahlführungssysteme
(vgl. Abschnitt 2.1.3) mit komplizierten kinematischen Verhältnissen zu tun hat.
Meistens ergeben sich Einschränkungen hinsichtlich des Arbeitsraumes der Roboter. Um eine realitätsgetreue Simulation des Bewegungsablaufes zu ermöglichen, muß das Verhalten der verwendeten Robotersteuerung nachgebildet werden.
Hierfür sind die entsprechenden Rücktransformationen mit Bahnplanungsalgorithmen versehen. Von Vorteil ist es, wenn die Programme in der Sprache der
eingesetzten Robotersteuerung vorliegen. Der Programmierer muß dadurch keine
zusätzliche "Metasprache" erlernen und ist somit schnell mit Bedienung und
Anwendung vertraut. Die Nachbildung der Robotersteuerung ist oft problematisch, da einerseits die erforderlichen Herstellerangaben fehlen und andererseits
nahezu jeder Roboterhersteller eine andere Steuerungssprache verwendet. Es sind
allerdings Bestrebungen im Gange, die kompletten Bahnplanungsalgorithmen der
realen Steuerung direkt in das Simulationssystem einzubinden. Dadurch ließe
sich der Aufwand für die Nachbildung deutlich reduzieren.

Grundsätzlich kann die Programmerstellung in CAD-Systeme integriert oder mit
CAD-Systemen gekoppelt werden [POTT 89, WIRT 90]. Bild 5-27 zeigt dazu
verschiedene Lösungsmöglichkeiten. Wenn die Programmerstellung im CAD-System integriert ist, kann direkt auf die interne Datenstruktur zugreifen. Es muß
also keine Datenübertragung, die meistens mit Informationsverlusten verbunden
ist (vgl. Abschnitt 4.4), an ein anderes System erfolgen. Der für die Programmerstellung notwendige Postprozessor ist ebenfalls im CAD-System integriert.
Nachteilig ist hier jedoch, daß dieser systemspezifisch angepaßt werden muß,

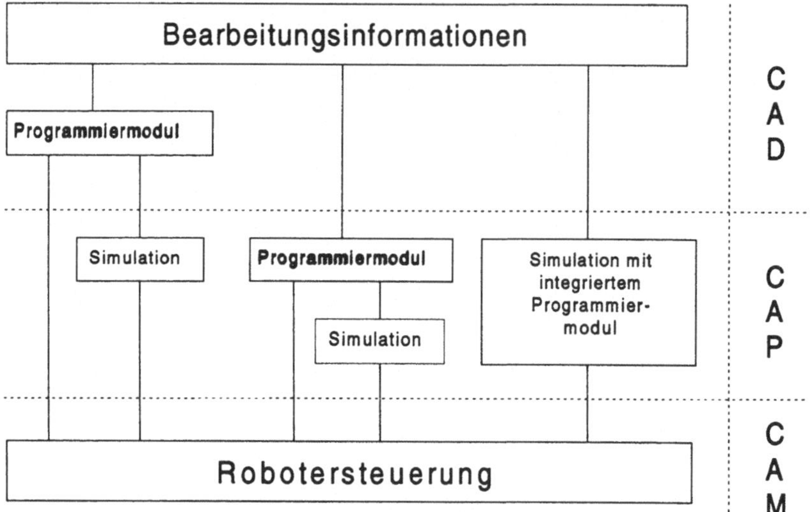

*Bild 5-27:   Datentechnische Verbindung von CAD-, Programmier-, Simula-
tions- und Steuerungssystemen*

was beim Einsatz von anderen CAD-Systemen einen zusätzlichen Aufwand bedeutet. Zudem können in dieser Kombination nur Werkstücke programmiert
werden, die auch mit dem CAD-System konstruiert worden sind. Außerdem wird
der CAD-Arbeitsplatz mit Aufgaben blockiert, die die Funktionalität des CAD-
Systems kaum ausnutzen.

Erfolgt die Programmerstellung in einem eigenen Programmiersystem, muß die
Bahninformation in einem geeigneten Format vom CAD-System ausgegeben
werden. Diese Lösung bietet sich an, wenn zur Geometriemodellierung und
Bahnplanung unterschiedliche CAD-Systeme verwendet werden. Bei Job-Shops
ist dies meist der Fall, weil die Auftraggeber unterschiedliche CAD-Systeme
verwenden. Ein Nachteil ist, daß in diesen Fällen für jedes System eine spezi-
fische Schnittstelle zur Datenübernahme anzufertigen ist, was wiederum mit
Informationsverlusten verbunden sein kann. Beim Einsatz eines eigenständigen
Programmiermoduls kann die Überprüfung der Roboterprogramme erst an der
Anlage erfolgen, was hohe Einfahrzeiten und ein großes Kollisionsrisiko zur
Folge hat. Um diese Unsicherheit auf ein Minimum zu reduzieren, sollte der
Bearbeitungsablauf durch eine grafische Simulation getestet werden.

Prinzipiell besteht die Möglichkeit, in einem eigenständigen Programmiermodul
erstellte RC-Programme in ein externes Simulationssystem zu übertragen und zu

testen. Sinn macht dies jedoch nur, wenn die Simulation in verschiedenen Systemen erfolgen soll oder wenn das eingesetzte Simulationssystem keine Funktionalitäten zur Programmerstellung bietet. Die industriell eingesetzten Simulationssysteme zur Roboterprogrammierung enthalten jedoch den notwendigen Leistungsumfang. In diesen Fällen sollte die Programmerstellung in das Simulationssystem integriert sein. Vorteil dieser Konfiguration ist es, daß eine direkte grafische Kontrolle des RC-Programmes möglich ist und somit Programmierfehler unmittelbar grafisch interaktiv beseitigt werden können.

5.4.2 Erstellung der Roboterprogramme

Im Rahmen der Arbeit erfolgt die Programmerstellung innerhalb des zur Verfügung stehenden Simulationssystems, das mit umfangreichen Funktionalitäten ausgestattet ist, die zur rechnergestützten Programmgenerierung notwendig sind [TAUB 90, WRBA 90, WOEN 93]. Im wesentlichen handelt es sich dabei um ein Postprocessing, das die Bearbeitungsinformation unter Berücksichtigung der kinematischen Randbedingungen des eingesetzten Roboters und der geometrischen Zuordnung der Anlagenkomponenten rechnergestützt in ein steuerungsspezifisches Roboterprogramm umsetzt (vgl. Bild 5-28).

Die Umsetzung der Bearbeitungsinformation erfolgt satzweise nacheinander, weil der Programmablauf so vorgegeben ist. Zunächst wird der Kennbuchstabe der Bearbeitungsinformation analysiert. Bei "G"- und "T"-Kennungen erfolgt eine direkte Umsetzung der Attribute und Werte in die Steuerungsbefehle. Die entsprechenden Zuordnungen sind in Makros fest durch den Anwender definiert. Beispielsweise wird der Satz

10 T L1_EIN 2500

der Bearbeitungsinformation, der die Anweisung für "Laser aktivieren" und den Wert der Laserleistung enthält, direkt in die Befehlssequenz

DEF UP1
S A48 Gas ein
S A47 NC Bereit
S A21 Leistungssteuerung Ein
ANA K1 0+0,5 Leistung 2500 W
S A20 Übernahme Analogwert
WRT 10 Wartezeit
S A45 Strahl ein

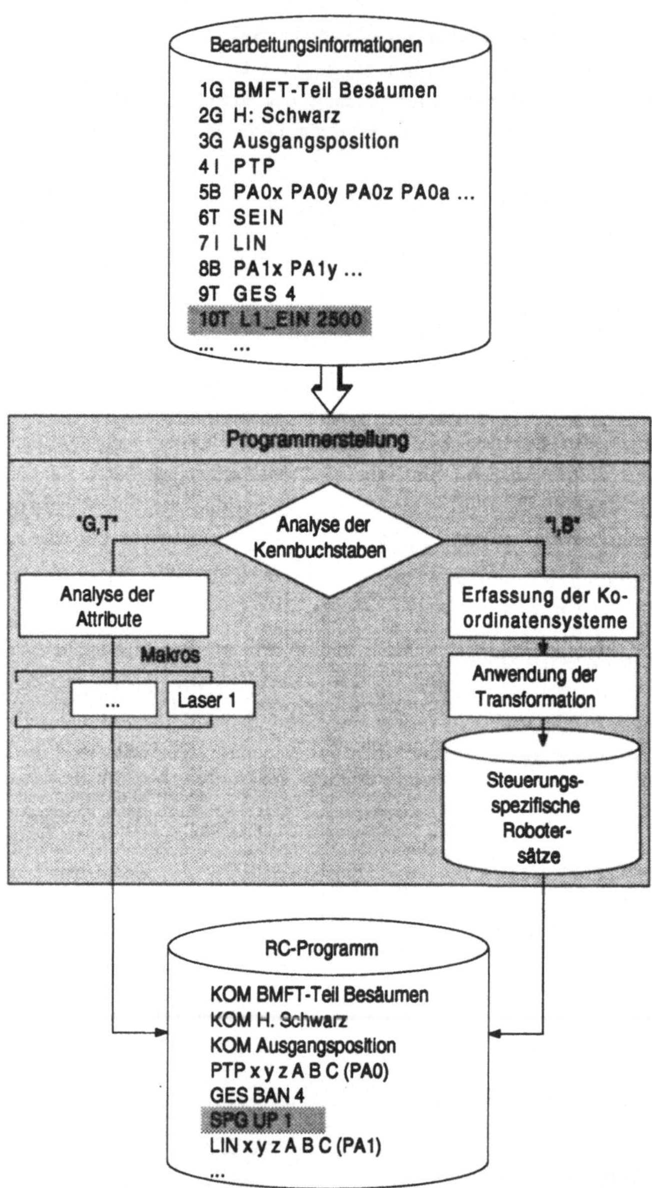

Bild 5-28: RC-Programmerstellung aus der Bearbeitungsinformation

S A46 Shutter

S A18 Strahl ein unverzögert

END UP1

umgesetzt, die in dem Unterprogramm UP1 enthalten ist. Diese Anweisungen sind für den eingesetzten CO_2-Laser (vgl. Abschnitt 6.1) zum ersten Aktivieren und Einschalten notwendig. Die Zuordnung ist in dem Makro Laser1 definiert.

Komplexer ist die Generierung der Bewegungssätze für den Roboter aus der Bahninformation (repräsentiert durch "I" und "B" Informationen). Die Vorgehensweise wird unter Bezug auf Bild 5-28 und Bild 5-29 erläutert. Die Bahninformation gibt die Lage des Fokuspunktes durch den Oberflächenpunkt und die Lage der Strahlachse durch den zugehörigen Vektor vor. Auch die Werkzeugbeschreibung enthält diese Vorgaben. Dadurch ist die Zuordnung zwischen Werkzeug und Bahninformation vorgegeben.

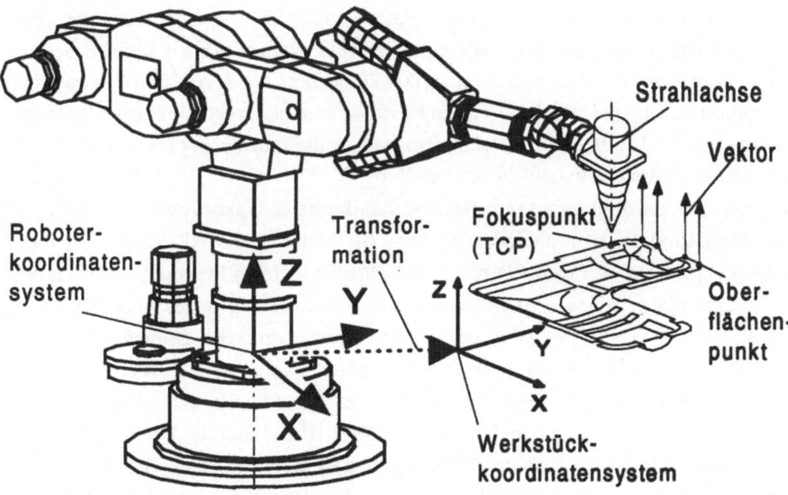

Bild 5-29:   Zuordnung der Roboter- und Werkstücklage

Aus den Relativpositionen kann jedoch das Roboterprogramm noch nicht abgeleitet werden. Dazu wird erst der Roboter, festgelegt durch seine Geometrie und Kinematik, und die Beziehung zwischen Werkstück- und Roboterkoordinatensystem benötigt. Aus der Kenntnis der Lage der beiden Koordinatensysteme können die roboterspezifischen Bewegungsbefehle in Roboterweltkoordinaten durch entsprechende Koordinatentransformationen berechnet werden. Eine ausführliche

Beschreibung der zugrundeliegenden Transformationsmatrizen und dieser Methodik, die im Rahmen dieser Arbeit als Grundlage für die Programmerstellung dienen, findet sich in [GARN 92B, TAUB 90, WRBA 90, WOEN 93].

Ergebnis der Programmerstellung ist ein syntaktisch korrektes Roboterprogramm, dessen Ablauf in einem Simulationslauf getestet wird. Dabei können Probleme hinsichtlich Erreichbarkeit einzelner Position oder Kollision visuell erkannt und grafisch interaktiv beseitigt werden. Diese Möglichkeiten werden im Rahmen der Realisierung näher erläutert.

5.5   Programmübertragung

Die rechnergestützt erstellten Programme müssen über DNC-Betrieb von der Arbeitsplanung an die Zellenebene übertragen werden. Unter DNC-Betrieb versteht man die direkte Daten- und Befehlsübergabe von einem übergeordneten Rechner an eine NC-Steuerung. Voraussetzung hierfür sind entsprechende DNC-Schnittstellen [ENG 87]. Die meisten Endgeräte weisen derzeit serielle Schnittstellen vom Typ RS-232 auf. Eine hohe Sicherheit wird von den verwendeten Datenübertragungsprotokollen verlangt, da Übertragungsfehler im Steuerprogramm große Probleme bei der Programmausführung ergeben können. In Deutschland hat sich bislang in Abwandlung der DIN-Norm das LSV-2-Protokoll als Quasi-Standard durchgesetzt. Neuere Standardisierungsbemühungen zielen auf eine internationale Vereinheitlichung hin. So bietet der MAP-Standard (Manufacturing Automation Protocol) mit MMS (Manufacturing Message Specification) die Möglichkeit eines herstellerneutralen Dienstaustausches [GARN 91A, WECK 91]. Es beinhaltet eine umfassende Zahl normierter Dienste sowohl für NC-Werkzeugmaschinen als auch für Industrieroboter. Zur Zeit weisen nur wenige Robotersteuerungen eine entsprechende Schnittstelle auf. Daher müssen vorläufig noch entsprechende Umsetzer, PNIU (Programable Network Interface Unit) genannt, vor die Robotersteuerungen geschaltet werden. Sie können aus einem Standard-PC mit entsprechenden Schnittstellenkarten bestehen [SCHÄ 91, SCIIW 91B]. Auf diese Art können Roboterprogramme übertragen und gestartet werden.

5.6   Programmausführung

Der letzte Teilschritt der CAD/CAM-Kopplung beinhaltet die Programmausführung. Diese erfolgt ohne nachträgliche, manuelle Eingriffe. Um dies zu erreichen ist aufgrund der Genauigkeitsprobleme bei der Programmausführung die Integration von Sensorik notwendig.

5.6.1 Genauigkeitsprobleme bei der Programmausführung

Um bei der Laserbearbeitung eine gute Bearbeitungsqualität zu erhalten, muß neben der optimalen Einstellung der Prozeßparameter eine hohe Positioniergenauigkeit erreicht werden. Orientierung und Fokuslage bezüglich der Werkstückoberfläche müssen innerhalb enger Toleranzbereiche liegen. Je nach Applikation und Werkstoffart müssen Toleranzen unter 0,2 mm eingehalten werden [HABE 92]. Da es sich bei einem Großteil der mit dem Laser zu bearbeitenden Werkstücke um Tiefziehteile handelt, können diese Anforderungen bereits aufgrund der Bauteiltoleranzen nicht eingehalten werden [MILB 90B]. Probleme ergeben sich außerdem aufgrund weiterer geometrischer Abweichungen, hervorgerufen durch Lage-, Positionier- und Roboterungenauigkeiten. Die Einflußgrößen auf die Ungenauigkeiten bei der Laserbearbeitung mit Robotern zeigen Bild 5-30 und Bild 5-31 .

Mit Simulationssystemen können nicht alle Eigenschaften einer realen Bearbeitung exakt nachgebildet werden, so daß die an die reale Anlage übertragenen Programme in der Regel mit Abweichungen behaftet sind, die eine direkte Ausführung verhindern. Hierfür gibt es mehrere Gründe:

- Das Layout der realen Anlage und die Bauteilpositionen entsprechen nicht exakt dem Simulationsmodell.

- Die Modelle der zu bearbeitenden Werkstücke, die die Grundlage für die Programmerstellung sind, entsprechen nicht den realen Bauteilen. Diese sind aufgrund des Fertigungsprozesses (z.B. Tiefziehen) toleranzbehaftet.

- Es ergeben sich Abweichungen, die durch den Bearbeitungsprozeß entstehen [GERH 91]. Beispielsweise ergibt sich beim Schweißen aufgrund der - gegenüber den konventionellen Verfahren zwar geringen - Wärmeeinbringung dennoch ein Verzug der Werkstücke, der im Simulationsverfahren nicht berücksichtigt werden kann.

- In den verfügbaren Simulationssystemen können bislang physikalische Effekte, wie beispielsweise Trägheitskräfte oder statische und dynamische Steifigkeiten der Handhabungsgeräte, nicht vollständig realitätsgetreu nachgebildet werden. Diese Ursachen führen jedoch zu Roboterungenauigkeiten.

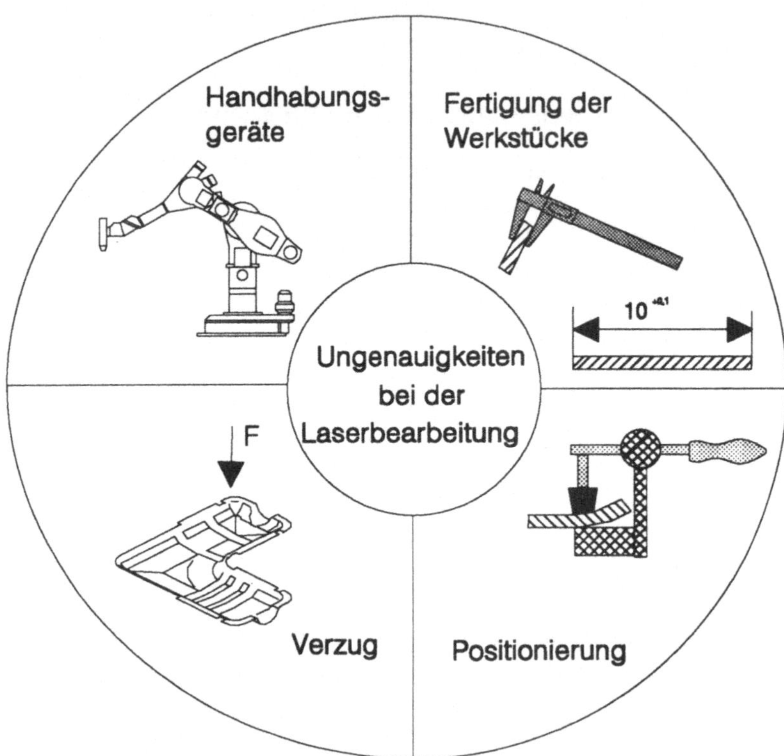

Bild 5-30:   Einflußgrößen auf die Genauigkeiten

- Probleme bereiten die Positionier- und Bahngenauigkeiten sowie die Träghei-
  ten der Handhabungsgeräte. Für die Off-line-Programmierung ist die absolute
  Positioniergenauigkeit ausschlaggebend. Diese ist bei Robotern jedoch kleiner
  als die zulässige Toleranz um qualitativ hochwertige Bearbeitungsergebnisse
  zu erhalten [WAHL 91].

Die möglichen großen Bearbeitungsgeschwindigkeiten verstärken diese Probleme.
Dennoch gibt es verschiedene Möglichkeiten, diesen Problemen zu begegnen.
Die Layoutabweichungen können durch einen "Kalibriervorgang" reduziert werden. Dabei erfolgt ein Abgleich der Geometrieverhältnisse des Simulationsmodells an die reale Anlage. Eine relativ einfache Methode hierfür ist das Anfahren
von Referenzpositionen an Peripheriekomponenten der Anlage mit dem Roboter,
die in das Simulationssystem übertragen werden. Dort werden diese Positionen

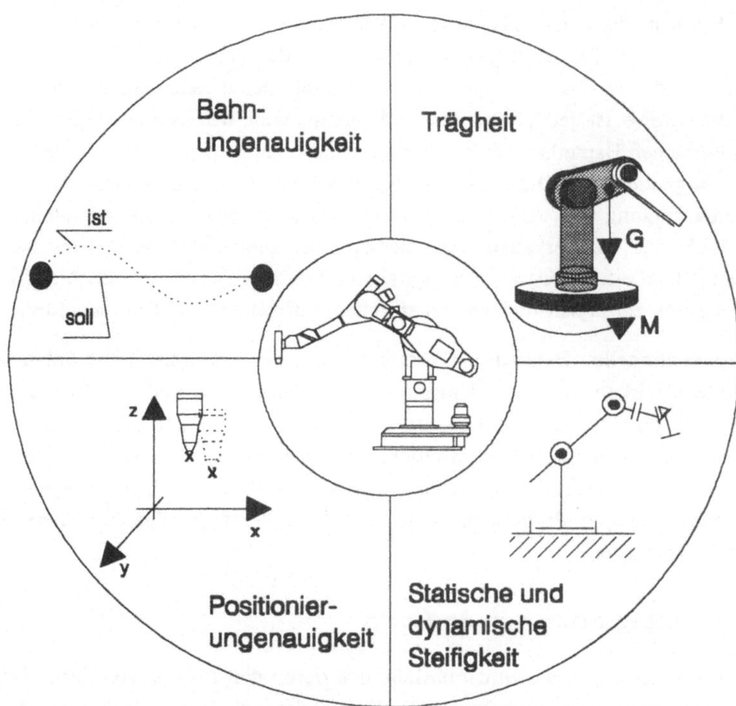

Bild 5-31: Ursachen der Roboterungenauigkeiten

mit dem "Simulationsroboter" ebenfalls angefahren und markiert. Das jeweilige Objekt wird dann nach diesen Punkten ausgerichtet, wodurch eine gute Übereinstimmung mit der Realität erreichbar ist. Diese Kalibriermethode ist jedoch sehr zeitaufwendig und eignet sich nicht für die Anpassung der Werkstücklage, weil die Roboterungenauigkeiten dabei nicht mit eingehen.

Eine verfeinerte Nachbildung der Roboter, die physikalische Effekte wie Trägheit, Steifigkeit oder Reibung berücksichtigt kann die auftretenden Roboterungenauigkeiten reduzieren. Zu dieser Thematik von [TAUB 90] durchgeführte Untersuchungen zeigen, daß die Einbeziehung dieser Einflußgrößen in die Modellrechnung zwar prinzipiell möglich, jedoch aufgrund der hohen Rechenzeiten und der fehlenden Größen (Reglerparameter, Trägheitstensoren, etc.) derzeit noch nicht universell einsetzbar ist. Die im Rahmen dieser Arbeit verwendeten Robotermodelle enthalten daher nur die Geometrie- und Kinematiknachbildung.

Dem Problem der toleranzbehafteten Werkstücke kann man prinzipiell dadurch begegnen, indem die gefertigten Werkstücke vor der Bearbeitung digitalisiert und anschließend das CAD-Modell aufgrund dieser Daten aktualisiert wird. Diese Vorgehensweise ist jedoch sehr zeitaufwendig, weil bereits die Digitalisierung eines einfachen Bauteils mehrere Stunden dauern kann. Zum anderen treten dabei Ungenauigkeiten des Digitalisierungsgerätes und Informationsverluste bei der Datenübertragung auf. Außerdem sind bei Tiefziehbauteilen die Abweichungen von Werkstück zu Werkstück verschieden. Prinzipiell müßte also jedes Bauteil vor dem Bearbeitungsprozeß neu digitalisiert werden. Dies wird jedoch aufgrund des enormen zeitlichen und wirtschaftlichen Aufwandes nicht durchgeführt.

Bei konventionellen Bearbeitungsverfahren, wie beispielsweise beim Schutzgasschweißen, wirken sich diese Ungenauigkeiten kaum aus, weil der Prozeß diese Toleranzen zuläßt. Für den Laserprozeß können sie jedoch qualitätsmindernd wirken. Mit den dargestellten Möglichkeiten lassen sich die Genauigkeitsanforderungen der Laserbearbeitung nicht vollständig erfüllen. Bislang begegnet man daher den genannten Problemen meist mit sehr aufwendigen Spannmethoden und durch Nachteachen.

5.6.2   Integration von Sensorik

Eine Verbesserung dieser Situation läßt sich durch den Einsatz von Sensorik zur Erfassung der exakten Anordnung des Werkstückes relativ zum Roboter und zum Ausgleich der Toleranzen erzielen. Die von den Sensoren ermittelten Informationen werden dabei zur Anpassung der Off-line erstellten Programme verwendet. Um die Integration der Sensorik realisieren zu können, ist zunächst aufzuzeigen, wie die Kombination der Sensorsysteme mit Robotern möglich ist. Hierzu müssen verschiedene Möglichkeiten untersucht und miteinander verglichen werden.

5.6.2.1   Meßwerterfassung, Sensordatenverarbeitung und Bewegungsanpassung

Einfachere Sensorsysteme wie z.B. Lichtschranken oder Näherungsschalter geben binäre Sensorsignale aus, die dementsprechend weiterverarbeitet und ausgewertet werden. Intelligentere Sensoren führen zusätzlich eine weitreichende Sensordatenverarbeitung aus. Aufgabe der Sensordatenverarbeitung ist es, Meßinformationen in Bewegungsvorgaben umzurechnen. Dabei unterscheidet man On-line und Off-line-Sensoreinsatz [PRIT 91B].

Beim Off-line-Sensoreinsatz werden die Informationen bzw. Abweichungen in einem von der eigentlichen Bearbeitung unabhängigen Zyklus (man spricht auch von Teach-Lauf) aufgenommen, von der Robotersteuerung verarbeitet und gespeichert. Die eigentliche Bearbeitung erfolgt anschließend mit dem korrigierten Programm. Der Nachteil ist, daß das Bewegungsprogramm zweimal abgearbeitet werden muß und nur der zweite Zyklus dem eigentlichen Fertigungsfortschritt dient. Die Fertigungszeiten werden dadurch erheblich verlängert.

Zur wirtschaftlichen Laserbearbeitung wird daher der On-line-Sensoreinsatz bevorzugt (vgl. Bild 5-32). Die Bahn ist in ihrer Lage und den Werkzeugorientierungen als Programm vorgegeben. Die Aufgabe des Sensoreinsatzes besteht in der Erfassung und Korrektur von Abweichungen zur programmierten Bahn in Bahnpunktlage und Orientierung. Dabei werden die Abweichungen während der Bearbeitung erfaßt und direkt korrigiert. Von der Reaktionszeit zwischen Datenaufnahmen und der daraus resultierenden Korrekturbewegung ist es abhängig, ob der Sensor vorlaufend angebracht werden muß [EGET 90, SCHM 92A].

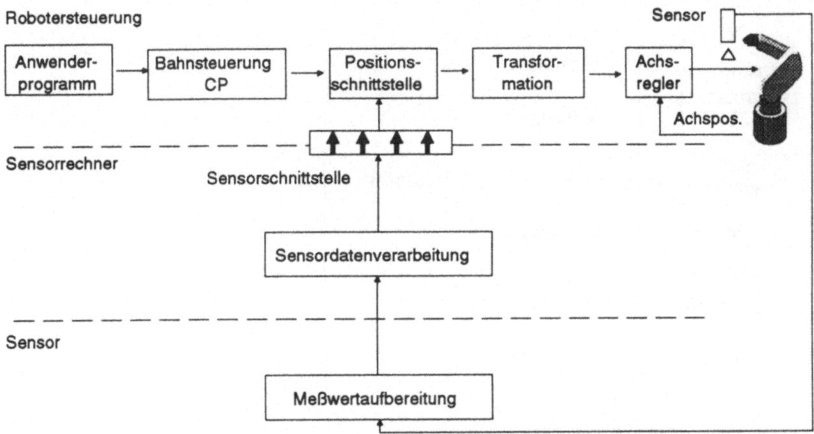

Bild 5-32:   Struktur eines On-line Sensoreingriffs

Den Datenfluß beim Einsatz von sensorunterstützten Industrierobotern zeigt Bild 5-33. Im einzelnen besteht der Gesamtprozeß aus der Meßwerterfassungskomponente, der Meßwertaufbereitung, der Sensordatenverarbeitung und der Umsetzung der Sensordaten in eine Bewegungsführung. Um die vom Sensor erfaßten Meßwerte in nutzbare Informationen umzusetzten, müssen diese Stufen durchlaufen werden.

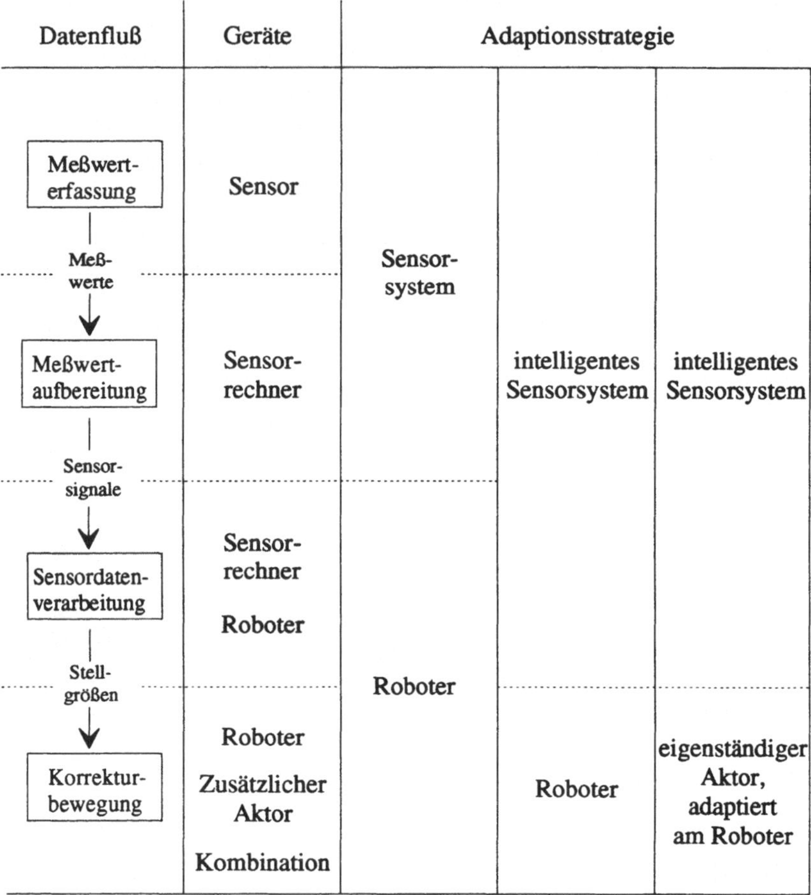

Bild 5-33:   Datenfluß und Integrationsstrategien bei der Kombination von Robotik und Sensorik

Die Wandlung und Aufbereitung der vom Sensor erfaßten physikalischen Meßwerte in elektrische Sensorsignale wird im Sensorrechner vorgenommen. Die Sensordatenverarbeitung muß die Sensorsignale so umsetzen, daß sie planend, steuernd oder regelnd in die Bewegungsführung eingreifen können. Ob die Sensordatenverarbeitung im Sensorsystem oder in der Robotersteuerung erfolgt, hängt von der Integrations- und Regelstrategie ab. Prinzipiell gibt es, wie auch in Bild 5-33 dargestellt, folgende Möglichkeiten:

- Regelung über die Robotersteuerung

- Regelung über einen integrierten Aktor (z.B. Zusatzachse)

- Kombinierte Regelung über Aktor und Robotersteuerung

Bei der Regelung über den Roboter erfolgt das Ausführen der Korrekturbewegungen durch den Roboter. Die Sensordatenverarbeitung kann dabei entweder vom Sensorrechner oder von der Robotersteuerung vorgenommen werden. Beim erstgenannten Fall spricht man von intelligenten Sensorsystemen. Dabei werden vom Sensorrechner die Korrekturwerte berechnet und an die Robotersteuerung übertragen. Im zweiten Fall werden die Sensorsignale über entsprechende Schnittstellen an die Robotersteuerung übertragen und von dieser zu enstprechenden Stellgrößen verrechnet.

Zur sensorgeführten Korrektur der Off-line programmierten Roboterbahn stehen je nach Steuerung und Software verschiedene Sensorfunktionen zur Verfügung, die parallel zum eigentlichen Roboterprogramm ablaufen [EGET 90]. Die Steuerung ist dann in der Lage, die Sensorsignale oder Stellgrößen, die die Sensorsysteme liefern, zu verarbeiten und die programmierte Bahn entsprechend zu korrigieren.

Bei der Regelung über einen unabhängigen Aktor, der an der Roboterhand angebracht ist, führt der Sensorrechner die Sensordatenverarbeitung aus. Das Sensorsystem verarbeitet die Sensorsignale und berechnet die Stellgrößen für den Aktor. Der Roboter führt das RC-Programm entsprechend der Vorgabe aus, der Aktor übernimmt die Korrekturbewegung. Im Falle einer Zusatzachse entsprechen die Korrekturwerte konkreten Stellsignalen für deren Antrieb. Aktor und Sensorsystem bilden einen Regelkreis, der unabhängig von der Dynamik des Roboters die Korrekturbewegungen vornimmt. Diese Strategie ist haupsächlich bei Robotersteuerungen erforderlich, die nicht mit kurzen Interpolationstakten und schnellen Sensorfunktionen ausgestattet sind. Als problematisch kann sich der begrenzte Regelbereich bzw. Hub der Zusatzachsen herausstellen. Größere Abweichungen, die nicht nachregelbar sind, können zu schlechten Bearbeitungsqualitäten und zur Kollision führen. In der Regel kann jedoch davon ausgegangen werden, daß die Summe aller auftretenden Toleranzen den Regelbereich nicht überschreitet.

Um die Vorteile des großen Regelbereichs bei direktem Eingriff mit der schnellen Regelung im kleinen Bereich durch den unabhängigen Aktor Zusatzachse verbinden zu können, ist eine Kombination beider Regelstrategien anzustreben.

5.6.2.2 Datenübertragung

Ein großes Problem ist der Datenaustausch zwischen den Robotersteuerungen und den Sensorsystemen. Da bisher noch keine Normierung stattgefunden hat, müssen die Komponenten an die jeweiligen steuerungstechnischen Möglichkeiten angepaßt werden. Bestehende Systeme arbeiten meistens über serielle V24 Schnittstellen mit niedrigen Übertragungsraten (9600 Baud) oder analogen Eingängen [SCHM 89]. Je nach Art und Umfang von Datenaustausch und Übertragungsprotokoll wird die Menge der übertragbaren Daten begrenzt. Daher sollte die Auswertung der Daten auf Seite des Sensors liegen, der nur wenige, aber wesentliche Daten an die Steuerung übergibt. Bei großen Datenmengen, wie sie in der Bildverarbeitung auftreten, müssen Schnittstellen definiert werden, die entsprechende Übertragungsraten zulassen (z.B. Feldbussysteme). Standardisierte Anbindungsmöglichkeiten an höhere Ebenen (Zellenebene) werden z.B. durch den Industriestandard MAP (*Manufacturing Automation Protocol*) geschaffen [SCHÄ 91].

5.6.2.3 Anwendung von Sensoren

Zusammenfassend kann festgestellt werden, daß es kein universell einsetzbares Gesamtsystem für die räumliche Laserbearbeitung gibt, das den unterschiedlichen Anforderungen der vielfältigen Anwendungsmöglichkeiten gerecht wird. So sind für die jeweiligen Einsatzgebiete jeweils spezielle system-, anlagen- und applikationsabhängige Speziallösungen erforderlich, die sich an den hier dargestellten Konzepten orientieren können.

5.7   Zusammenfassung

Ausgehend von der Zielsetzung und den Anforderungen wurde in diesem Kapitel das Gesamtkonzept für eine CAD/CAM-Kopplung dargestellt. Zur Geometriemodellierung und Bahnplanung ist ein 3D-CAD-System notwendig, das eine Geometriemodellierung auf Basis von Flächen- und Volumenmodellen ermöglicht. Desweiteren sind Bahnplanungsstrategien konzipiert worden, die sich aufgrund verschiedener geometrischer und anlagenspezifischer Randbedingungen ergeben. Zudem wurde aufgezeigt, wie die Geometrie- und Technologieinformationen zu koppeln sind und wie eine rechnergestützte Programmerstellung, -überprüfung und -ausführung möglich ist. Dazu ist die Notwendigkeit der Integration von Simulations- und Sensorsystemen abgeleitet worden.

6   Realisierte CAD/CAM-Kopplung

In den vorangegangenen Kapiteln wurde aufgezeigt, welche laserspezifische Funktionen die Teilsysteme in den Bereichen der Konstruktion, der Arbeitsplanung und der Fertigung aufweisen müssen, um eine Datendurchgängigkeit im Sinne von CAD/CAM für die räumliche Laserbearbeitung zu ermöglichen. Aufbauend auf diesen Überlegungen wird eine CAD/CAM-Kopplung für die räumliche Laserstrahlbearbeitung realisiert. Die Informationsstruktur des Gesamtsystems ist in Bild 6-1 dargestellt. Dazu müssen bereits vorhandene Teilsysteme der rechnerintegrierten Produktion funktionell erweitert werden. Erforderlich ist auch die Einbindung von Sensorsystemen, um die rechnergestützt erzeugten Roboterprogramme ohne zusätzlichen manuellen Eingriff ausführen zu können.

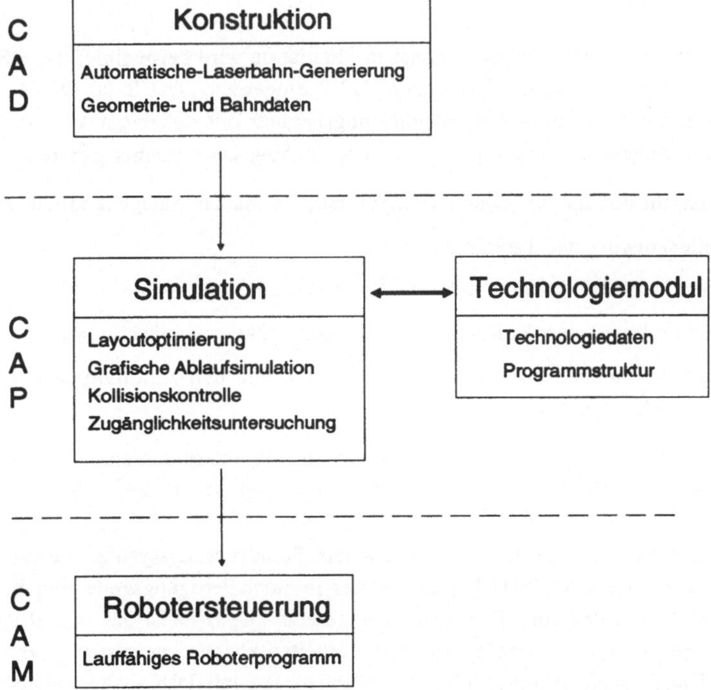

Bild 6-1:   *Informationsstruktur der beispielhaft realisierten CAD/CAM-Kopplung*

6.1   Rahmenbedingungen

Zur Umsetzung und Realisierung der in der Konzeption erarbeiteten Funktionen
stehen im Rahmen der Arbeit das CAD-System Euclid-IS von Matra Datavision,
das Simulationssystem USIS (Universal Simulation System) und zwei roboter-
gestützte Laseranlagen zur Verfügung.

Euclid-IS ist ein von Matra-Datavision entwickeltes, volumenorientiertes 3D-
CAD-System mit interaktiver Benutzeroberfläche. Um spezielle Anpassungen
durchführen zu können, bietet das System eine Programmierschnittstelle. Dabei
handelt es sich um eine zu Fortran 77 kompatible Programmiersprache, die eine
Vielzahl von Funktionen und Unterprogrammen bereitstellt. Damit hat der Anwender die Möglichkeit, eigene Anwenderprogramme zu erstellen und diese in
das CAD-System einzubinden [DILL 88]. Dieses System wird im Rahmen der
CAD/CAM-Kopplung zur Geometrie- und Bahnmodellierung sowie zur Bahnplanung eingesetzt.

Zur Programmerstellung und grafischen Simulation wird beispielhaft das Off-line
Programmier- und Simulationssystem USIS eingesetzt [TAUB 90, WRBA 90].
Es kann zur Simulation von Handhabungsgeräten mit beliebiger kinematischer
Struktur eingesetzt werden. Zum Leistungsumfang des Systems gehören:

- Auswahl der für die Bearbeitungsaufgabe optimalen Anlagenkonfiguration

- Zellenentwurf und Layoutplanung

- Erstellung und Ablaufsimulation der Bewegungsprogramme

- Durchführung von Kollisions- und Zugänglichkeitsuntersuchungen

Es wird im Rahmen der Realisierung entsprechend den Anforderungen um laserspezifische Funktionen erweitert.

Als Experimentierumgebung standen auf der Produktionsebene (CAM) zwei
Laser-Roboteranlagen zur Verfügung. Bild 6-2 zeigt eine Laserbearbeitungsanla-
ge, bestehend aus einem 5 kW CO_2 Laser (TLF 5000,Trumpf) und einem Industrieroboter (Kuka 161/25) mit gekoppeltem Strahlführungssystem (Zeiss). Desweiteren wird ein Nd:YAG-Festkörperlaser in einer Fertigungszelle zum Schneiden und Schweißen von 3D-Bauteilen eingesetzt. Die Zelle ist mit zwei Robotern
(Kuka und Reis), die auch kooperierend arbeiten können, ausgestattet (vgl. Bild
6-3). Die Roboter verfügen über Steuerungen, die mit DNC-Schnittstellen aus-
gerüstet sind. Mit diesen beiden Anlagen kann ein breites Spektrum der möglichen 3D-Applikationen zum Schneiden und Schweißen abgedeckt werden. Die
äußeren Bedingungen für einen vollautomatisierten Materialfluß werden für beide

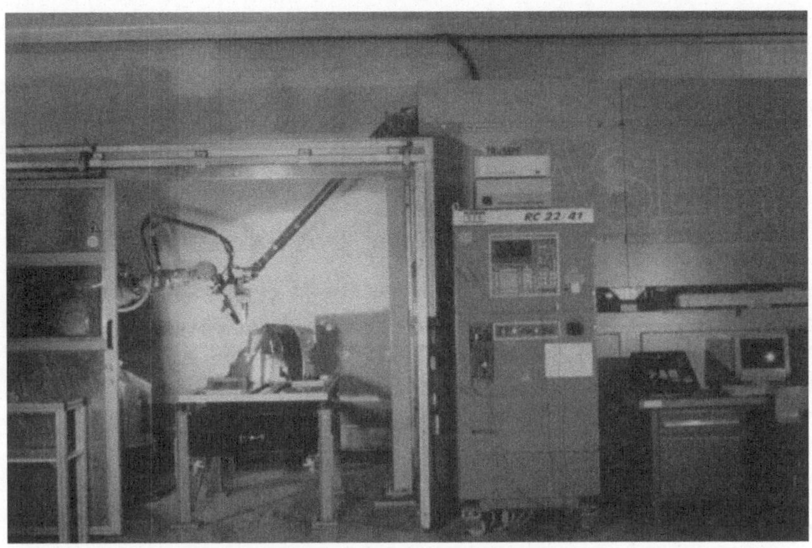

Bild 6-2: *CO_2-Laserroboter mit externer Strahlführung*

Anlagen durch die Anbindung an ein fahrerloses Transportsystem (FTS) geschaffen. Die Anlagen sollen im Rahmen der Arbeit in eine CIM-Modellfabrik integriert und somit informationstechnisch in die übergeordneten Ebenen der Konstruktion und Arbeitsvorbereitung eingebunden werden.

6.2 Geometriemodellierung und Bahnplanung

Die Geometriebeschreibung bildet die Basis für die Generierung der Bahninformation. Das Erstellen der CAD-Modelle und Bearbeitungskonturen erfolgt mit Standardfunktionen des beschriebenen CAD-Systems. Dabei kann der Konstrukteur alle Möglichkeiten nutzen, die das eingesetzte CAD-System zur Verfügung stellt. Es bietet u.a. verschiedene Funktionalitäten zur Beschreibung von Freiformflächen- und Volumenmodellen.

Für das rechnergestützte Modellieren von Freiformflächen wird die Bezier-Technik angewendet, weil dadurch die geometrischen Eigenschaften, die einfache Handhabung für das Modellieren und die gute Arithmetik für die numerische Berechnung der Bahninformation nach Bezier genutzt werden kann [BEZI 86]. Bild 6-4 zeigt das Modell eines im CAD-System modellierten Tiefziehbauteils.

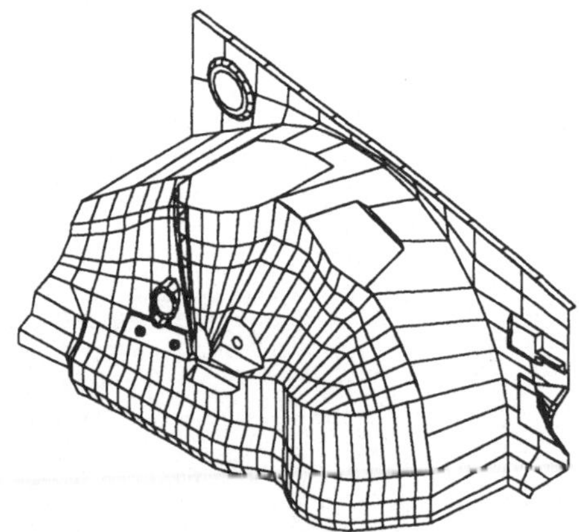

Bild 6-4:   CAD-Modell eines Tiefziehbauteils

Zudem ist die Übernahme der Geometrieinformationen von Digitalisierungsgeräten realisiert. Dabei wird aus digitalisierten Punktewolken ein Flächenmodell erstellt und dieses in Form eines VDA-FS-Files an das CAD-System übertragen. Diese Art der Modellgenerierung ist besonders für den Prototypenbau von großer

Bedeutung. Die Digitalisierung erfolgt auf einer Meßmaschine, die als Ergebnis eine große Anzahl von Punkten liefert [ZEIS 88]. Daraus werden Flächen erzeugt und in das CAD-System übertragen. Die verwendete Software Q-Form führt dazu eine Datenreduktion durch [QFOR 92]. Aus den Konturpunktewolken werden Stützquerschnitte erzeugt. Die dabei entfallenden informationstechnisch redundanten Punkte bewirken eine deutliche Reduzierung der Rechenzeit. Q-Form vereinigt automatisch die erzeugten Teilflächen zu einer stetigen Gesamtgeometrie, die über eine VDA-FS Schnittstelle in das CAD-System übertragen wird.

Auf Basis der Geometrieinformationen werden die zu bearbeitenden Konturen und die Bearbeitungsreihenfolge im CAD-System festgelegt. Der Anwender kann dabei auf alle Möglichkeiten, die das CAD-System zur Generierung von Kurven bzw. Linien bietet, zurückgreifen. Zusätzlich stehen dem Anwender Funktionen zur Erzeugung von Kreisen, Rundungen, Spline- und Bezierkurven zur Verfügung. Eine generierte Linie steht für die Kontur, entlang der das "Werkzeug Laserstrahl" bewegt wird und einen Bearbeitungsprozeß ausführt. Für die rechnergestützte Generierung der Bahninformation ist von Bedeutung, daß die Konstruktion der Bearbeitungskontur entsprechend der Darstellungsart des CAD-Modells erfolgt. Liegt das Werkstück als Freiformflächenmodell vor, so muß die Bearbeitungskontur als Spline definiert werden. Bei Volumenmodellen wird die Kontur als Folge von Konturelementen festgelegt. Die Bearbeitungskontur und das Werkstück werden in der Datenbasis des CAD-Systems unter verschiedenen Namen abgespeichert.

Das Anwendermodul "Automatische-Laserbahn-Generierung (ALG)", das im Rahmen dieser Arbeit entwickelt und über Standardfunktionen in das CAD-System eingebunden wurde, erzeugt aus diesen Daten die für die Steuerung notwendige Bahninformation entsprechend der in Abschnitt 5.2.4 beschriebenen Vorgehensweise (vgl. Bild 6-5). Dazu sind vom Anwender vorab noch allgemeine bzw. bearbeitungsabhängige Angaben zu machen. Dies sind z.B. der Name des Bearbeiters und die Kurzbeschreibung der Bearbeitungsaufgabe (z.B. BMFT-Teil besäumen) sowie der Werkstück- und der Bearbeitungskonturname. Außerdem muß noch der Name der Ausgabedatei definiert werden. All diese Eingaben erfolgen menügeführt durch den Anwender. Anschließend erfolgt die rechnergestützte Ermittlung der Bahninformation.

Bei der Lasermaterialbearbeitung muß der Laserstrahl im allgemeinen orthogonal auf der Werkstückoberfläche stehen. Deshalb wird zu jeder Position der Bearbeitungsbahn die zugehörige Oberflächennormale berechnet. Zudem ist es möglich, auch andere Winkellagen einzustellen. Dies kann bei der Bearbeitung kom-

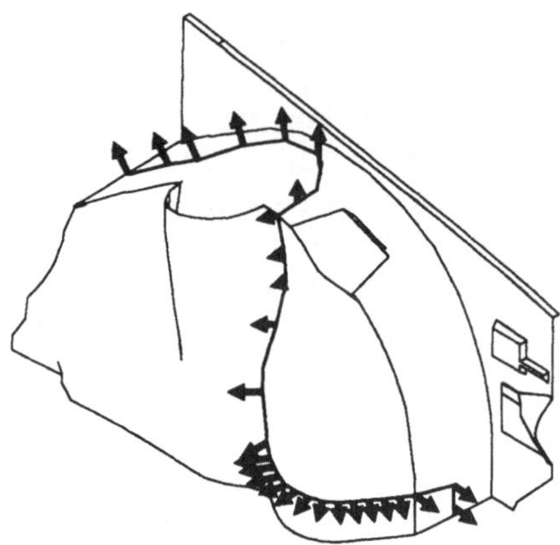

Bild 6-5:   Rechnergestützt generierte Bahninformation

plexer Werkstücke notwendig sein, da in manchen Fällen eine orthogonale Ausrichtung des Laserstrahls zur Werkstückoberfläche aus geometrischen oder anlagenspezifischen Gründen nicht möglich ist. In diesen Fällen wird der Bewegungsablauf entsprechend der anlagenabhängigen Bahnplanungsstrategie (vgl. Abschnitt 5.2.2.2) grafisch interaktiv angepaßt.

Außerdem kann der Anwender an den Stellen, an denen eine Außenschleife oder an denen zusätzliche Verfahrwege notwendig sind, diese mit Hilfe der EingabeMouse markieren und die zusätzlichen Positionen des Verfahrweges einfügen (vgl. Abschnitt 5.2.4.2). Positionen, an denen eine Steueranweisung an eine am Gesamtprozeß beteiligte Anlagenkomponente notwendig ist (z.B. Laser ein oder Sensor aktiv) werden ebenfalls vom Anwender markiert und mit Technologieattributen versehen.

6.3   Technologiemodul

Um eine vollständige Bearbeitungsinformation zu erhalten, muß die Bahninformation um technologische und roboterspezifische Programmanweisungen wie beispielsweise Laserleistung und Bearbeitungsgeschwindigkeit ergänzt werden. Dies wird durch ein Technologiemodul realisiert, das an das Simulationssystem angebunden ist. Das Modul wird zur Eingabe von allgemeinen Informationen, zur Anpassung der Technologieparameter an die Bewegungsbahn des Roboters (Abschnitt 6.4) und zur Definition der Zuordnungen eingesetzt (vgl. Bild 5-25).

Zudem enthält es Funktionen zur Verwaltung und Modifikation von erstellten RC-Programmen.

Der Anwender kann über eine Benutzeroberfläche Technologiewerte und ablaufrelevante Werte definieren (Bild 6-6). Die Eingabe erfolgt menügeführt, Standardwerte werden voreingestellt. Bearbeitungsparameter können alternativ aus der von [GARN 92B] entwickelten Technologiedatenbank abgerufen werden. Ausgehend von der Werkstoffart und -dicke werden hierbei die entsprechenden Technologiedaten bestimmt (vgl. Abschnitt 5.3). Diese sind in einer Datei abgelegt, auf die bei der Erstellung der Bearbeitungsinformation zugegriffen wird.

```
                                                    TIME:  22 : 13 : 35 . 18

 I W B   TU MUENCHEN   3 D - L A S E R - C A D - C A M   DATE: 07- SEP-92

 M E N U E:     PROGRAMMFUNKTIONEN


  1. PARAMETEREINGABE          11. PROGRAMMART:       V = F(DW)   P = (DW)
  2. PROGRAMMERSTELLUNG        12. FUNKTION      :    V = V(O) - (K*DW HOCH1)
  3. LESEN                     13. MASCHINENDATEN
  4. EDITIEREN                 14. BAHNDATEN II
  5. SPEICHERN
  6. D B - BAHN-FILES
  7. D B - PROGRAMME           ERGEBNISSE BAHNDATEN:
  8. E-MODUS: DIRECT           PUNKTEZAHL:   11              ALT:   0
  9. D-MODUS: =                BAHNLAENGE: 288.129 [mm]             0.000[MM]
 10. BAHNDATEN  I              ZEIT ca. :        1.729 [SEC]        0.000[SEC]


 AKTUELLE DEFINITIONEN:                                 =
 HPFILENAME:      RO          HAUPTPROGRAMMNAME: 99      =
 HPSATZZAHL:      84          BAHNFILENAME: AUSLINIE     =   30.  BT- SYSTEM
```

Bild 6-6:   Eingabemaske des Technologiemoduls

Programmverwaltungsdaten, wie beispielsweise die Nummer des Hauptprogramms in der ausführenden Steuerung und der Name des Bearbeiters können auch eingegeben werden. Dabei werden die Programmanweisungen nicht explizit definiert, sondern nur die entsprechenden Werte eingelesen. Die Makros, die die entsprechenden Zuordnungen enthalten, werden im Technologiemodul definiert. Diese Vorgehensweise sei am Beispiel der Prozeßgeschwindigkeit erläutert.

Nach Anwahl des Menüpunktes "Prozeßgeschwindigkeit" kann der Bediener einen Wert in m/min eingeben, z.B. "10". Bei der Programmerstellung wird diese Geschwindigkeitsinformation als roboterspezifische Anweisung in das erstellte

Bewegungsprogramm eingefügt. Im Falle der RCM-Steuerung wäre das "GES BAN 10". Auf diese Art können verschiedene Technologieinformationen direkt in Roboteranweisungen umgesetzt werden. Der Anwender braucht also keine Kenntnisse bezüglich der Roboterprogrammiersprache. Syntaktische Programmierfehler sind weitgehend ausgeschlossen, da der Programmersteller nur "Werte" angeben muß und der Eintrag in das Roboterprogramm in der richtigen Syntax und an der richtigen Stelle durchgeführt wird.

6.4   Anpassung der Technologieparameter

Bei der CAD-basierten Programmerstellung werden Laserleistung und Prozeßgeschwindigkeit bislang unabhängig von der Bearbeitungskontur konstant gehalten. Die Parameter werden in Versuchen an ebenen Bauteilen ermittelt. Bei starken Richtungsänderungen verringert die Robotersteuerung selbständig den eingestellten Geschwindigkeitswert, was bei gleichbleibender Laserleistung häufig zu Qualitätseinbußen führt. Deshalb muß die Laserleistung der Geschwindigkeit angepaßt werden.

Die verwendeten Robotersteuerungen (RCM) bieten im Falle der analogen Leistungsvorwahl die Möglichkeit der bahngeschwindigkeitsabhängigen Analogwertausgabe. Dabei wird der Analogwert proportional zur Bahngeschwindigkeit des TCP (Fokuspunkt) gesteuert. Diese Vorgehensweise ergibt keine befriedigenden Ergebnisse, weil aufgrund der Reaktions- und Verarbeitungszeiten das entsprechende Analogsignal zeitverzögert an die Lasersteuerung übertragen wird, und sich somit Qualitätseinbußen ergeben.

Vor diesem Hintergrund erfolgt in dieser CAD/CAM-Kopplung die Anpassung von Leistung und Geschwindigkeit rechnergestützt bereits bei der Programmgenerierung. Die Möglichkeit hierzu bietet ebenfalls das Technologiemodul. Die für die Bearbeitung auf einer geraden Bahn optimierten Parameter (Leistung und Geschwindigkeit) werden als Bezugswerte verwendet und in Abhängigkeit vom Bahnverlauf (nicht von der TCP-Geschwindigkeit) verändert und rechnergestützt mit der Bahninformation gekoppelt. Kritische Bereiche im Bahnverlauf werden, wie in Abschnitt 5.2.4.2 erläutert, durch die Bahnwinkel und die Krümmungsradien charakterisiert. Je nach Größe der Winkel bzw. Radien wird zunächst die zugehörige Bearbeitungsgeschwindigkeit ermittelt, mit der der Roboter den entsprechenden Bahnabschnitt ohne eine Geschwindigkeitsreduzierung abfahren kann. Die Beziehungen der Bearbeitungsgeschwindigkeit von den Größen Winkel und Radius in Abhängigkeit von den eingesetzten Robotern sind nicht vorhanden und werden daher experimentell ermittelt. Die Untersuchungen erfolgen an dem Kuka-Roboter der Nd:YAG-Festkörperlaseranlage (vgl. Bild 6-3).

In der Versuchsreihe wird die maximal mögliche Geschwindigkeit ermittelt, mit der ein Winkel bzw. eine abgerundete Ecke bei einer zulässigen Toleranz T_E von 1 mm abfahrbar ist. Die Toleranz muß an diesen Stellen zugelassen werden, wenn eine kontinuierliche Abarbeitung erfolgen soll. Scharfkantige Konturen sind nur durch Schleifen, wie in Bild 5-7 dargestellt, erreichbar. Die Winkel wurden zwischen 15° und 165° in 15°-Stufen, der Radius zwischen 3 mm und 50 mm variiert. Um einen kontinuierlichen Schnittverlauf mit konstanter Bahngeschwindigkeit zu erhalten, wird mit maximalem Überschleifen gearbeitet. Dazu wird im RC-Programm "UES BAN 100" festgelegt. Dies bewirkt, daß die gesamte Bahn zwar mit der eingestellten, konstanten Geschwindigkeit gefahren wird, an den Winkeln bzw. Radien ergeben sich jedoch Abweichungen von der programmierten Bahn.

Die entsprechenden Bahnkonturen bestehen zum einen aus zwei Geraden, die den Winkel W_i einschließen und zum anderen aus zwei Geraden, zwischen denen ein Kreissegment mit dem Bahnradius R_i liegt (vgl. Bild 6-7). Die entsprechenden RC-Programme sind so gestaltet, daß nur der Winkel bzw. Radius als Parameter vorzugeben ist. Dies erleichtert die Untersuchungen, weil somit nicht jeder Konturzug neu programmiert werden muß.

Bild 6-7:   Bahnkonturen mit Winkel und Radius

Während des Abfahrens der Kontur sind die Laserparameter so eingestellt, daß das Probewerkstück markiert wird. Dadurch bleibt die real abgefahrene Bahn sichtbar und die Abweichung der Bahn von der programmierten Kontur kann mit einem Mikroskop gemessen werden. Die Untersuchungen werden in der Art durchgeführt, daß für einen bestimmten Winkel bzw. Radius die größtmögliche Vorschubgeschwindigkeit des Roboters ermittelt wird, bei der die zulässige Toleranz von 1 mm nicht überschritten wird.

Bild 6-8 zeigt die ermittelten Abhängigkeiten der Bahngeschwindigkeit von den eingestellten Winkeln bzw. Radien als Treppenfunktion (vgl. Abschnitt 5.3.2 und Bild 5-25). Innerhalb der entsprechenden Intervalle bleibt die Bearbeitungsgeschwindigkeit konstant. Werden die Intervallgrenzen über bzw. unterschritten, so erfolgt eine Änderung der Bearbeitungsgeschwindigkeit v_i. Es zeigt sich, daß die geforderte Konturgenauigkeit bei kleinen Winkeln bzw. engen Radien nur durch eine deutliche Geschwindigkeitsreduzierung erreichen läßt.

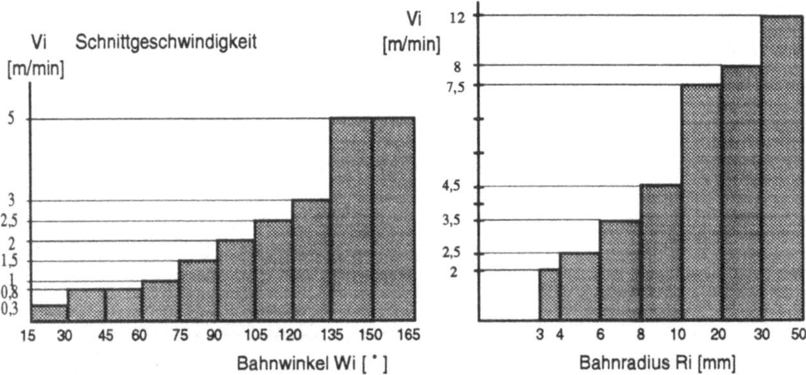

Bild 6-8:   Abhängigkeit der Robotergeschwindigkeit vom Bahnwinkel und -radius

Diese Ergebnisse sind für großflächige Bauteile mit geringer Oberflächenkrümmung gültig, weil dabei die Werkzeugorientierung während der Bewegung nicht oder nur gering geändert wird. Für komplexere räumliche Anwendungen, die, wie in Bild 5-8 dargestellt, eine starke Umorientierung der Roboterhand erfordern, um den Laserstrahl mit konstanter Orientierung auf der Oberfläche zu halten, sind diese Abhängigkeiten nicht mehr gültig. In diesem Fall ist die maximale Bahngeschwindigkeit neben dem Radius der Bahn zusätzlich von den möglichen Winkelgeschwindigkeiten der beiteiligten Rotationsachsen abhängig. Bei Orientierungsänderungen um die Werkzeugspitze (TCP) mit den eingesetzten 6-Achs-Robotern bestimmen die Handachsen 4, 5 und 6 im wesentlichen die Reduzierung der Bahngeschwindigkeit, weil in diesen die maximalen Winkelgeschwindigkeiten überschritten werden können. Drehungen um die y-Achse des Koordinatensystems des Roboters (vgl. Bild 5-29) zeigen den Einfluß der Handachsen am deutlichsten. Um eine Kante mit kleinen Radien abfahren zu können muß die Bahngeschwindigkeit deutlich reduziert werden (vgl. Bild 6-9). Auch bei größeren Radien ist die Bahngeschwindigkeit auf einen Maximalwert begrenzt, weil die Handachsen an ihre Leistungsgrenze stoßen. Die Bahngeschwindigkeit ist nicht nur von den auftretenden Winkeln und Radien der Bearbeitungsbahn abhängig. Zusätzlich haben eine Reihe von Einflußfaktoren, wie die Lage der Bahn oder die Anzahl der beteiligten Roboterachsen, einen starken Einfluß.

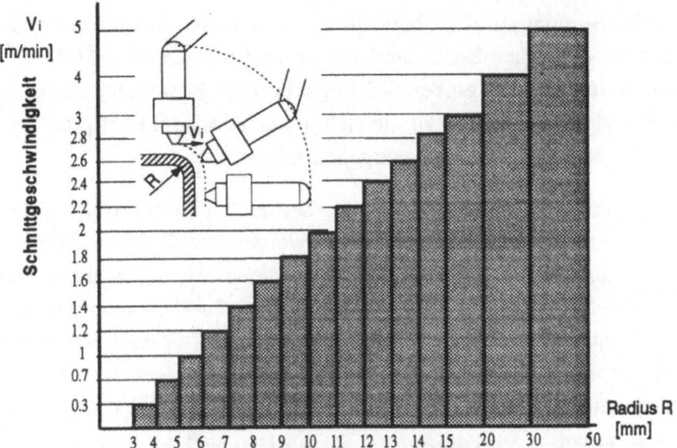

Bild 6-9:   *Abhängigkeit der Robotergeschwindigkeit vom Bahnradius bei 90 °*
Umorientierung um die y-Achse des Roboterkoordinatensystems

Die oben beschriebenen experimentellen Untersuchungen dieser Arbeit erfassen Bewegungen, die mit nahezu gleichbleibender Orientierung oder mit einer 90°-Umorientierung ausgeführt werden. Diese Abhängigkeiten sind in dem Technologieprozessor enthalten. Standardmäßig greift der Technologieprozessor bei der Bestimmung der Bearbeitungsgeschwindigkeit auf die Abhängigkeiten gemäß Bild 6-8 zurück. Aus der Datenbank werden dann, wie in Abschnitt 5.3.2 erläutert, die zugehörigen Laserparameter ermittelt.

In den anderen Fällen ist ein interaktives Eingreifen des Anwenders möglich. Er kann aufgrund seiner Erfahrung die vorgegebene Bearbeitungsgeschwindigkeit noch verändern. Zusätzlich kann der Planer im Simulationssystem USIS eine Veränderung der Geschwindigkeits- und Technologieanweisungen vornehmen, wenn sich im Rahmen der grafischen Bewegungssimulation herausstellt, daß der Roboter die Bahnbewegung nicht mit der eingestellten Geschwindigkeit ausführen kann. USIS bietet hierzu die notwendigen Funktionalitäten [TAUB 90, WRBA 90].

6.5   Programmerstellung und grafische Simulation

Als zentrales Glied bei der Programmerstellung wird das Simulationssystem USIS eingesetzt. Es dient im Rahmen der CAD/CAM-Kopplung zur Layoutplanung, zur Programmerstellung und zur grafischen Simulation der Bewegungsabläufe.

6.5.1   Layoutgestaltung und Programmerstellung

Die grafische Simulation zur Überprüfung der rechnerunterstützt erzeugten RC-Programme ist ein fester Bestandteil der realisierten CAD/CAM-Kopplung. Bei Laseranlagen ist es von großer Wichtigkeit, den Bewegungsablauf in einem Simulationssystem zu überprüfen, da sich je nach Anlagenkonfiguration Zugänglichkeits- und Kollisionsprobleme ergeben können.

Für die Simulation benötigt man die Geometriemodelle der Werkstücke und der wesentlichen Anlagenkomponenten. Dazu werden die Geometriedaten aus dem CAD-System an das Simulationssystem übertragen. Zur Übermittlung der Daten wird ein spezielles Interface zu dem eingesetzten CAD-System geschaffen. Daneben ist der Datentransfer über IGES- oder VDAFS-Format möglich. In USIS wird zunächst mit den Simulationsobjekten das Layout entsprechend der realen Bearbeitungsanlage erstellt. Bild 6-10 zeigt das Layout der CO_2-Laseranlage. Das zu bearbeitende Werkstück wird so plaziert, daß es möglichst günstig im Arbeitsraum des Handhabungsgerätes liegt.

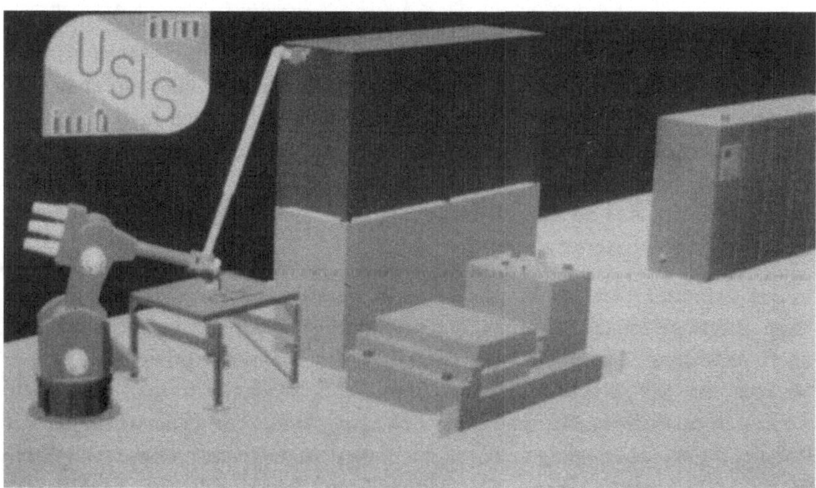

Bild 6-10:   Layout einer Laser-Roboteranlage mit externer Strahlführung

Die Programmerstellung erfolgt ebenfalls innerhalb des Simulationssystems USIS entsprechend dem in Abschnitt 5.4 dargestellten Vorgehen. Das Programmiermodul zur Programmerstellung ist in USIS integriert. Ein Postprozessor setzt die aus dem CAD-System übertragene Bearbeitungsinformation, unter Berücksichtigung der Maschinenkinematik und der geometrischen Zuordnungen von Werkstück und Handhabungsgerät, in die entsprechende Roboter-Steuerungssprache um.

Alle Tätigkeiten der Layoutgestaltung und der Programmerstellung finden am gleichen Arbeitsplatz unter der gleichen Benutzeroberfläche statt. Auf dem Grafikschirm befindet sich ein Menüfeld, das den Planer bei allen Tätigkeiten durch das System führt. Beim Aufruf eines Menüpunktes wird entweder ein Untermenü eingeblendet oder eine Eingabeanweisung für den Planer sichtbar gemacht. Das interaktive Vorgehen bei der Programmerstellung wird nachfolgend unter Bezug auf Bild 6-11 beschrieben.

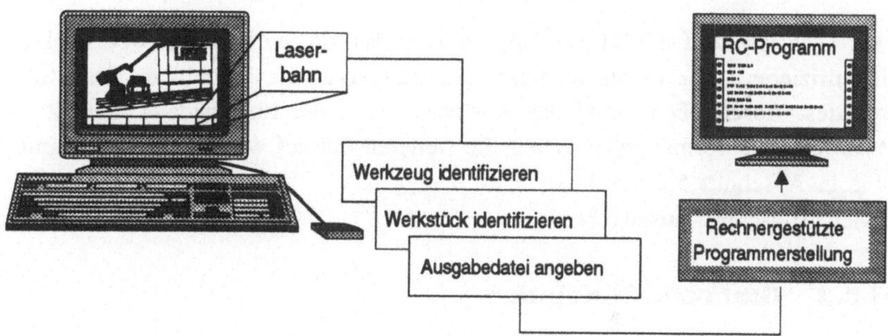

Bild 6-11: Programmerstellung im Simulationssystem

Nach Anwahl des Menüpunktes "Laserbahn" wird der Planer aufgefordert, das entsprechende Werkzeug zu identifizieren und beim ersten Einsatz geometrisch zu definieren. Zur geometrischen Definition gehören gemäß Bild 6-12 die Angabe der Werkzeugachse (Strahlachse), der Werkzeugspitze (Fokuspunkt) und der Werkzeugorientierung, die jedoch nur bei vorlaufenden Sensorsystemen anzugeben ist. Die Vorlaufrichtung wird durch die Angabe eines im Abstand des Vorlaufs orthogonal zur Strahlachse liegenden Punktes (Vorlaufpunkt) angegeben. Zudem wird der Scanbereich des eingesetzten Sensorsystems durch den Scanwinkel und die Scanweite festgelegt. Genauigkeitsuntersuchungen (Abschnitt 6.7.3.3) zeigen, daß dieser je nach Genauigkeitsanforderungen zwischen 7 und 60 mm liegt. Die Werkzeugdaten können in einer Werkzeugdatei gespeichert werden, so daß bei

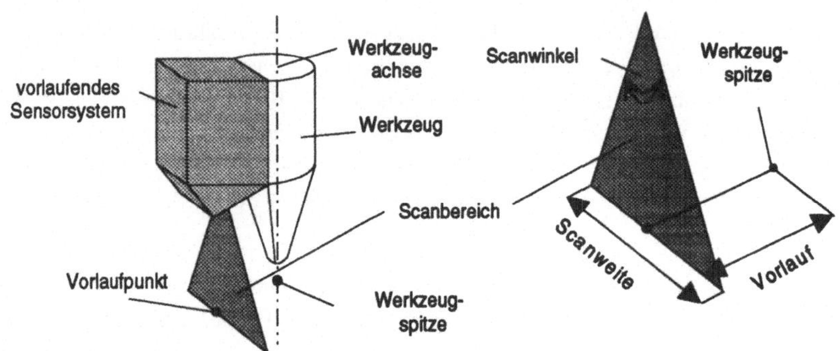

Bild 6-12: Definition des Werkzeuges

wiederholter Programmerstellung mit dem gleichen Werkzeug auf diese zugegriffen werden kann. Bei der Programmerstellung wird das Werkzeug so ausgerichtet, daß der Vorlaufpunkt immer auf der Bearbeitungskontur liegt.

Als nächstes wird der Planer aufgefordert, das zu bearbeitende Werkstück zu
identifizieren. Dies geschieht durch das Markieren eines beliebigen Werkstück-
punktes. Abschließend muß der Anwender noch die Eingabedatei (enthält die
Bearbeitungsinformation) angeben. Im weiteren Verlauf wird das RC-Programm,
wie in Abschnitt 5.4 beschrieben, rechnergestützt erstellt und am alphanumeri-
schen Bildschirm ausgegeben.

6.5.2   Grafische Simulation

Durch Visualisierung der Bewegungen in Echtzeit am Grafikterminal können die
Positionen und der Bewegungsablauf realitätsgetreu in der Simulation getestet
werden. Kritische Situationen, Zugänglichkeitsprobleme und Kollisionen werden
erkannt und dementsprechend korrigiert. Sollten zusätzlich im Programm noch
Modifikationen nötig sein, so werden diese über einen Texteditor oder grafisch
interaktiv eingefügt und in die Simulation einbezogen.

Daneben enthält USIS Standardfunktionen zur Ermittlung der Zeitanteile einzelner Bewegungsabläufe. Die Zeiten werden am Bildschirm ausgegeben. Damit
kann beispielsweise die Taktzeit oder das Verhältnis der Haupt- zu den Nebenzeiten ermittelt werden, indem das Zeitverhältnis der entsprechenden Bewegungsabläufe bestimmt wird. Dies erfolgt jedoch nicht automatisch, sondern muß vom
Planer aus den entsprechenden Zeitanteilen ermittelt werden.

Besonders bei Roboter-Laseranlagen mit externer Strahlführung ist es von Bedeutung, die Bearbeitungsprogramme in der Simulation zu kontrollieren, da gekoppelte Kinematiken naturgemäß eingeschränkte, komplexe Arbeitsräume aufweisen. Hierbei wird die Bewegung durch die Hand des Roboters vorgegeben (vgl. Bild 6-13). Die für die Visualisierung notwendigen Rücktransformationen werden in jedem Zeitschritt, für den Roboter analytisch und für das Strahlführungssystem iterativ gelöst [TAUB 90].

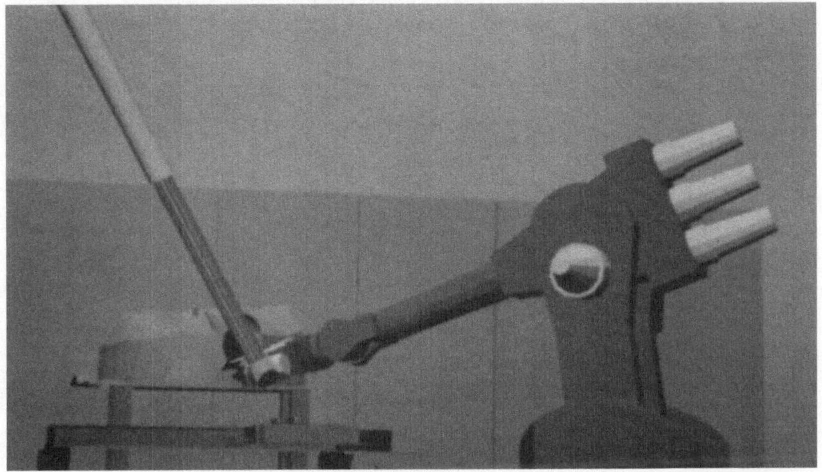

Bild 6-13:   Kollisionskontrolle bei der Bearbeitung mit gekoppelter Kinematik

Bei der kooperierenden Bearbeitung, wie sie mit der in Abschnitt 5.1 beschriebenen Anlage möglich ist, weisen die Roboter überlappende Arbeitsräume auf (vgl. Bild 6-14). Schon der kleinste Programmierfehler kann zu schweren Kollisionen führen und große wirtschaftliche Schäden verursachen. In der Simulation können diese Fehler erkannt und korrigiert werden. Bei kooperierenden Robotern besteht die Möglichkeit, entweder den werkstück- oder den werkzeughandhabenden Roboter die Vorschubbewegung ausführen zu lassen. Alternativ ist auch eine kombinierte Bearbeitung möglich, um z.B. zu hohe Winkelgeschwindigkeiten eines einzelnen Roboters zu vermeiden. Mit Hilfe eines im Simulationssystem integrierten Optimierungsmoduls läßt sich eine Bewegungsabfolge bestimmen, für die während des gesamten Bearbeitungsprozesses eine möglichst günstige Schweißlage eingehalten werden kann. Dies führt zu einer Steigerung der Bearbeitungsqualität.

Bild 6-14: Simulation von kooperierenden Robotern

Die Vorgehensweise bei der Programmerstellung und Bewegungssimulation sind auf Anlagenkonfigurationen mit beliebiger kinematischer Struktur übertragbar. Voraussetzung hierfür ist es jedoch, daß die enstprechenden Anlagen als Simulationsmodelle vorliegen. Diese beinhaltet neben der geometrischen Nachbildung der Anlagenkomponenten auch die Nachbildung der Kinematik der eingesetzten Handhabungsgeräte.

6.5.3   Simulation von sensorgeführten Bewegungsabläufen

Die Konzeption der CAD/CAM-Kopplung zeigte auf, daß zur direkten Programmausführung der Einsatz von Sensorsystemen zwingend erforderlich ist. Dabei müssen sämtliche am Gesamtprozeß beteiligten Komponenten und Peripheriegeräte aufeinander abgestimmt werden. Die Einstellung der Parameter erfordert viele Grundsatzversuche und hohen Optimierungsaufwand. Um den Sensoreinsatz und den Programmablauf realitätsgetreu planen zu können, werden die Sensoren im Off-line-Simulations- und Programmiersystem nachgebildet. Dabei ist nicht nur die grafische Darstellung der Sensorkomponenten, sondern auch die Nachbildung von Algorithmen, die die Sensorfunktionen der Robotersteuerungen beinhalten, notwendig [SCHW 91A].

In einem Simulationsprogramm, in dem jede Bewegung vor der grafischen Ausgabe rechnerisch ermittelt wird, sind die Positionen der einzelnen Objekte zu jedem Zeitpunkt bekannt. Der Abstand eines Objektes zu einem Sensor ist damit implizit im System definiert und läßt sich rechnerisch bestimmen. In der Simulation bedeutet "Messen" deshalb Berechnung unter Berücksichtigung der vom realen Sensor zur Verfügung stehenden Möglichkeiten. So liefert z.B. ein realer kapazitiver Abstandssensor einen Analogwert, der dem Abstand zwischen Werkstück und Werkzeug entspricht. Im Simulationssystem ist hingegen die komplette Relativposition und somit der exakte Abstand bekannt. Entsprechend der Sensoreigenschaften wird dieser Wert mit Hilfe der Softwareprogramme umgerechnet. Dabei können sowohl binäre als auch analoge Sensoren berücksichtigt werden. Die Wirkung des Sensors, z.B. Analogwertausgabe entsprechend des Abstandes, ist somit nachgebildet. Diese Meßinformation kann anderen Komponenten der Bearbeitungszelle bereitgestellt werden. Damit liegt die Voraussetzung für eine von Sensorsignalen gesteuerte Ausführung von Roboteraktionen im Simulationssystem vor. Dadurch ist es möglich, die Programme zur Positionskorrektur, zur Abstandskontrolle sowie zur Bahnverfolgung Off-line zu erstellen und zu testen.

Die Sensorsimulation wird für den im Rahmen der CAD/CAM-Kopplung integrierten Nahtfolgesensor (Oldelft Seampilot) eingesetzt (vgl. Abschnitt 6.7.3). Dieser kann die verschiedensten Arten von Schweißnähten innerhalb des Sichtbereiches des Sensors auffinden und den Nähten unter konstanter Relativposition sowie mit der notwendigen Genauigkeit und Geschwindigkeit folgen. Das Sensorsystem arbeitet vorlaufend. Im Simulationssystem wurde dieses System geometrisch nachgebildet, um die Einsatzmöglichkeiten bereits in der Simulation zu prüfen. Bild 6-15 zeigt den modellierten Sensor mit Anflanschvorrichtung am Roboterarm. Die Anflanschvorrichtung wurde so gestaltet, daß der Sensor hinsichtlich des Kameravorlaufes und der Abtastfläche je nach Einsatzart optimal an den Laserbearbeitungskopf angepaßt werden kann. Die Kamera kann bezüglich der Düse geschwenkt und zur Anpassung an die Lage des Laserfokus in der Höhe verstellt werden. Besonders bei komplexeren Bauteilen ist es wichtig zu prüfen, ob die abzufahrende Bahn im Sichtfeld der Kamera liegt, oder ob der Bewegungsablauf anders gestaltet werden muß. Dies erfolgt durch eine visuelle Detektion des Bewegungsablaufes. Dabei muß der Planer durch sorgfältiges Beobachten die Bewegungssätze erkennen, bei denen der Scanbereich die Bearbeitungskontur nicht vorlaufend erfaßt. USIS bietet vielfältige Funktionen, die diesen Vorgang unterstützen. Dies sind beispielsweise Möglichkeiten zur schrittweisen Ausführung des RC-Programmes oder die Veränderung des Blickwinkels bzw. Darstellungsmaßstabes (Zoom-Funktion) um kritische Grenzsituationen sorgfältig zu erfassen. An diesen Stellen paßt der Anwender interaktiv den Bewegungsablauf an, d.h. er verändert die Bewegungssätze oder fügt mit grafi-

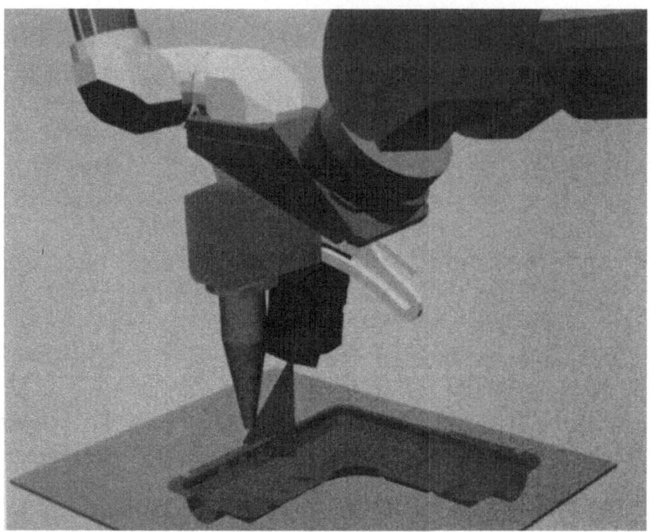

Bild 6-15:   Simulation der sensorunterstützten Bahnverfolgung

schen Programmier-Funktionen, die USIS standardmäßig bietet, zusätzliche Bewegungssätze ein.

6.6   Programmübertragung und -abarbeitung

Im Rahmen der realisierten CAD/CAM-Kopplung sind zur Übertragung und zum Starten der rechnergestützt erzeugten Roboterprogramme an die entsprechende Steuerung, wie in Bild 6-16 dargestellt, zwei verschiedene Möglichkeiten realisiert.

Bei der CO_2-Laseranlage können die Programme direkt über eine DNC-Schnittstelle von der Planungsebene an die Robotersteuerung (RCM3) übertragen und gestartet werden. Als Übertragungsmedium dient eine V.24-Schnittstelle. Zur Abwicklung des Datentransfers wird das LSV2-Protokoll benutzt. Die LSV2-Prozedur ist eine sichere Dialogprozedur für Punkt zu Punkt Verbindungen und eine codeunabhängige Datenübertragung.

Bei der Festkörperlaseranlage wird zur Steuerung und Überwachung der Zelle eine am iwb entwickelte, frei programmierbare Zellensteuerung auf Basis des Kommunikationsstandards MAP 3.0 eingesetzt (vgl. Abschnitt 5.6). Damit ist es möglich, die zur Synchronisation der kooperierenden Roboter heute übliche,

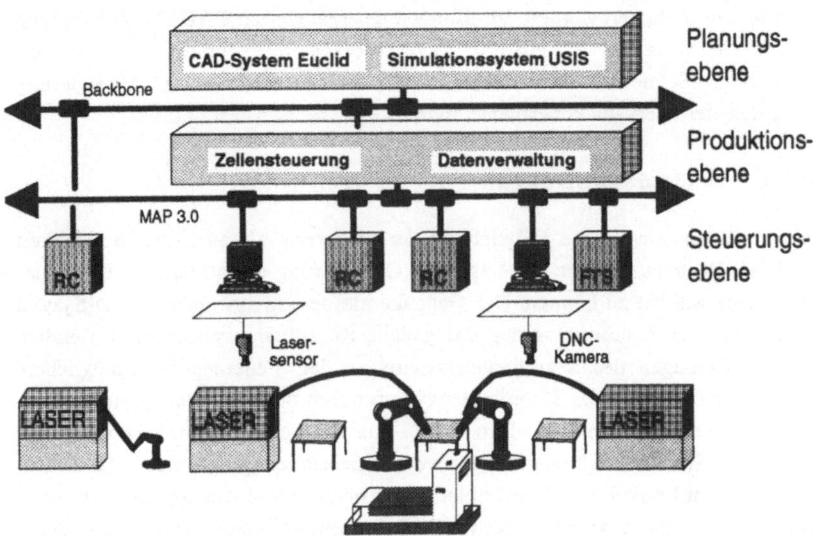

Bild 6-16: Informationsstruktur der realisierten Kopplung

starre Verkabelung durch eine logische Verknüpfung zu ersetzen. Dadurch wird eine einfache und schnelle Änderung der Anlagenkonfiguration ermöglicht, was zusammen mit der freien Zellenprogrammierung die Flexibilität der Anlage entscheidend prägt. Die Programmierung des Zellenablaufs geschieht rechnergestützt mit Hilfe eines grafischen Flußdiagrammeditors [SCHÄ 91]. Die Überprüfung des Zellenablaufprogrammes auf etwaige Fehler wird ebenfalls im Simulationssystem USIS durchgeführt.

6.7 Integration der Sensorik zur Programmausführung

Um die Off-line erstellten Programme direkt ausführen zu können, werden Sensorsysteme eingesetzt, welche die auftretenden Fertigungstoleranzen, Lage-, Positionier- und Robotergenauigkeiten ausgleichen können (vgl. Abschnitt 5.7). Lage- und Positionsungenauigkeiten, die auf Unterschiede zwischen Rechnermodell und Realität zurückzuführen sind, können von den konventionellen Sensorsystemen nicht On-line ausgeglichen werden. Der Abgleich erfolgt in diesem Fall über eine Positionskorrektur. Fertigungstoleranzen und Robotergenauigkeiten können durch den Einsatz von Sensorik während der Bearbeitung, d.h.

On-line, ausgeglichen werden. Im Rahmen der realisierten CAD/CAM-Kopplung werden ein Abstands- und ein Bahnfolgesensorsystem integriert, die den Laserstrahl beim Schneiden und Schweißen in definierter Lage und Orientierung bezüglich der Werkstückoberfläche führen.

6.7.1 Positionskorrektur

Dabei werden sowohl die Möglichkeit der Steuerung als auch die Möglichkeit des CAD-Systems genutzt, die Lage und Orientierung eines relativen Koordinatensystems wählen zu können. Der Gedanke hierbei ist, sowohl im CAD-System als auch an der Robotersteuerung das gleiche Koordinatensystem zu verwenden. Um das Erzeugen des Koordinatensystems an der Steuerung zu ermöglichen, muß im CAD-System das Koordinatensystem durch markante Bauteilpunkte oder -flächen gelegt werden (vgl. Bild 6-17). Als Referenzpositionen können auch Punkte der Spannvorrichtung dienen, wenn eine eindeutige geometrische Zuordnung mit dem Bauteil gewährleistet ist. Das Roboterkoordinatensystem wird dann an der Anlage durch Anfahren der im CAD-System definierten markanten Punkte oder Flächen errechnet und mittels der Nullpunktkorrektur mit dem Koordinatensystem des CAD-Systems zur Deckung gebracht. Allerdings ist ein geeigneter Algorithmus in der Steuerung erforderlich, der das neue Koordinatensystem aus den gemessenen Positionspunkten errechnet. Ausschlaggebend für die erreichbare

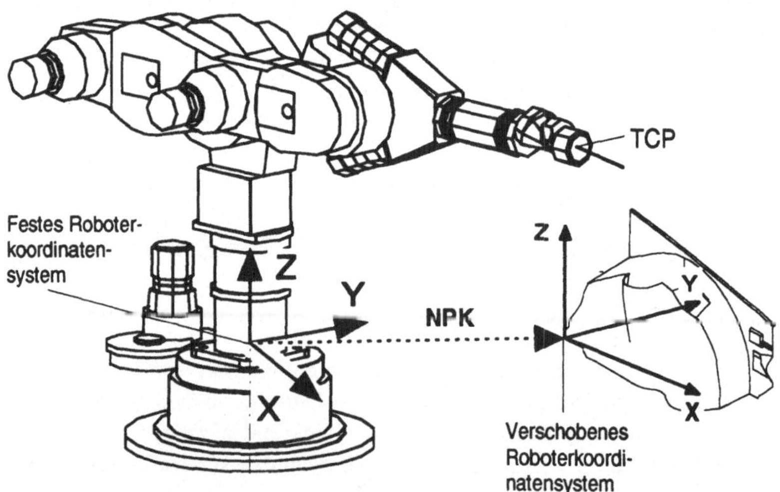

Bild 6-17: Korrektur der Bauteilposition

Genauigkeit ist daher das exakte Vermessen der markanten Bauteilpunkte, was der Einfachheit halber mittels geeigneter Sensoren ausgeführt wird. Die hierfür einsetzbaren Sensoren können dieselben sein, die auch zur Abstandskontrolle oder zur Bahnverfolgung eingesetzt werden.

6.7.2 Abstandssensorik zum Laserstrahlschneiden

Im Rahmen der Arbeit wird in die Festkörperlaseranlage ein kapazitives Sensorsystem zur Abstandskontrolle beim Laserschneiden integriert. Beim Laserschneiden ist der Düsenabstand zur Werkstückoberfläche exakt einzuhalten. Hierfür werden verschiedene Möglichkeiten der Anbindung eines Sensorsystems an Robotersteuerungen realisiert, untersucht und miteinander verglichen. Die Grenzen des Systems zeigen abschließende Genauigkeitsuntersuchungen auf.

6.7.2.1 Funktionsprinzip des Sensorsystems

Die Erfassung der Meßwerte erfolgt mit einem kapazitiven Sensor, der Lasermatic 1 [WEID 90]. Der Sensor besteht aus dem Bearbeitungskopf mit der Fokussieroptik, der Düsenelektrode sowie einem Signal-Vorverstärker. Wahlweise kann der Sensor mit einer eigenen Steuerung (Motor Control Unit, MCU) und einer schnellen Zusatzachse ausgestattet werden, um die Reaktionszeiten zu verringern. Das Sensorsystem verfügt über ein Handbediengerät, an dem das Regelverhalten des Sensors an das Material angepaßt werden kann. Hier wird auch der gewünschte Nennabstand zum Blech eingestellt. Der Sensor arbeitet nach einem kapazitiven Meßprinzip gemäß Bild 6-18. Die Düse und das Werkstück bilden dabei eine abstandsabhängige Kapazität. Änderungen des Abstands werden als Phasenverschiebungen registriert und an die Regelkreiskomponenten weitergeleitet, die den ursprünglichen Wert wieder einstellen.

6.7.2.2 Anbindung an die Robotersteuerung

Die elektrische Anbindung des Sensorsystems an die in Abschnitt 6.1 beschriebene Tandem-Roboter-Laserzelle wird so realisiert, daß beide Roboter zum Schneiden mit Abstandsregelung einsetzbar sind. Als Schnittstelle wurde eine Platine entworfen, die sowohl die notwendige Potentialtrennung als auch die logische Anknüpfung der Steuerungen vornimmt. Die Potentialtrennung ist für den Einsatz der Sensorsteuerung notwendig, da diese keine Fremdspannungen verarbeiten kann. Die Spannungsversorgung wird von der Sensorsteuerung

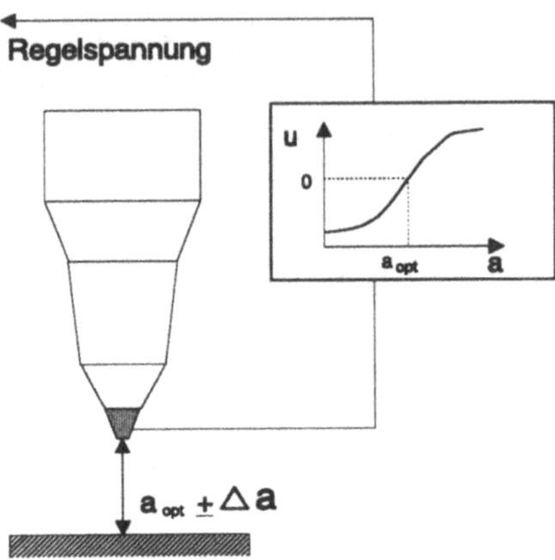

Bild 6-18: Prinzip der kapazitiven Abstandsregelung

(MCU) selber vorgenommen. Die Systemmeldungen sind direkt mit den Eingängen der Roboter verbunden und werden nur im Bedarfsfall abgefragt.

Im Rahmen dieser Arbeit werden die beiden, in Abschnitt 5.6.2 beschriebenen, Möglichkeiten der Regelung über die IR-Steuerung und über eine Zusatzachse verwirklicht und miteinander verglichen.

Regelung über die Robotersteuerung

Bei dieser Adaptionsstrategie übernimmt die Steuerung des Handhabungsgerätes neben der Bahnsteuerung auch die Bahnkorrektur. Die vom Sensor gelieferten Meßwerte werden mit den Bahnwerten verarbeitet und als korrigierte Achssollwerte an den IR weitergeleitet. Dabei wird der vom Vorverstärker gesendete Wert im Bereich von +/- 10V direkt an einen Analogeingang der Robotersteuerung angelegt. Das Signal wird ständig im Hintergrund der Programmbearbeitung abgefragt und verrechnet. Die Korrekturrichtung ist durch die Richtung des Laserstrahls vorgegeben. Der damit realisierte Regelkreis besteht aus der Meßduse, dem Vorverstärker, der Sensorkarte, der Steuerung und den Achsgebern (vgl. Bild 6-19). Durch die direkte Verarbeitung der Korrekturwerte mit den Bahnwerten in der Steuerung kennt diese zu jedem Zeitpunkt die genaue Lage des TCP im Raum.

Zu Genauigkeitsproblemen kann es bei dieser Art der Regelung kommen, wenn die eingesetzte Steuerung lange Verarbeitungszeiten aufweist. Ein Maß für diese Rechenzeiten ist der Interpolationstakt (IPO-Takt). Beispielsweise hat die verwendete RCM-Steuerung einen IPO-Takt von 64 ms. Für das räumliche Laser-

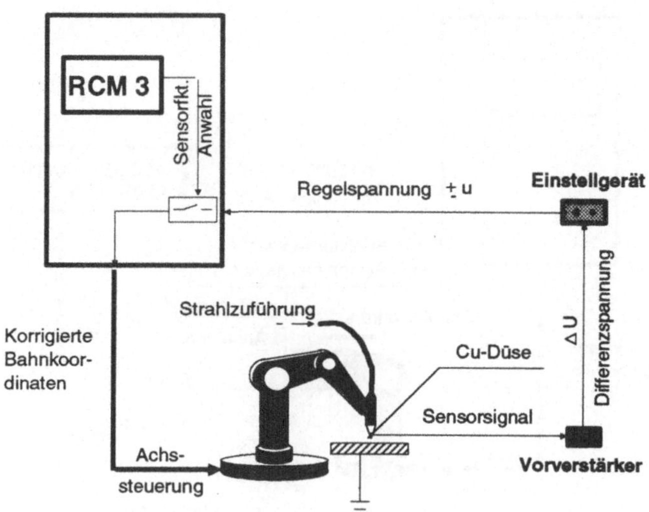

Bild 6-19:   Regelung über die Robotersteuerung

schneiden mit höheren Geschwindigkeiten (3m/min) ist dies nicht ausreichend
und führt zu Qualitätseinbußen. Nachteilig bei dieser Art der Abstandsregelung
sind auch die großen Massen, die zur Korrektur bewegt werden müssen. Durch
die langsame Regelung sind Bahnungenauigkeiten nicht oder nur bedingt aus-
regelbar. Schnelles Absinken oder Abheben der Roboterhand tritt beim Lösen
der Bremsen, beim Beschleunigen, beim Reversierbetrieb einer Achse oder starken Umorientierungen auf.

Ein Vorteil der Regelung über die Robotersteuerung ist, daß ein sehr großer
Regelbereich zur Verfügung steht, der nur durch den vorhandenen Arbeitsraum
des Roboters begrenzt wird.

Regelung über eine Zusatz-Achse

Bei der Regelung über eine Zusatz-Achse wird der Sensorkörper an eine Zusatzachse angeflanscht, die die Korrekturbewegung in Strahlrichtung unabhängig vom
IR durchführt. Zusatzachse und Sensorkörper bilden eine Einheit an der Roboterhand. Dafür ist eine erweiterte Sensorsteuerung zur Sensordatenverarbeitung
notwendig, die die Meßwerte auswertet und den Antrieb der Achse ansteuert
(vgl. Bild 6-20). Die Sensorsteuerung (MCU) wertet die Signale des Vorverstär-
kers aus und errechnet daraus die Regelspannung für die Ansteuerung der Zusatzachse. Antriebseinheit und Sensor bilden somit einen geschlossenen Regel-

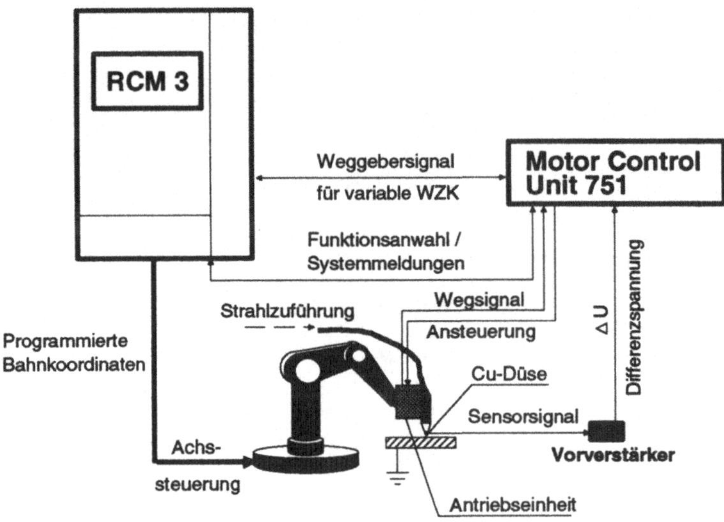

Bild 6-20:   Regelung über eine Zusatzachse

kreis, der die optimale Lage der Düse relativ zur Blechoberfläche in der notwendigen Dynamik unabhängig vom Roboter regelt [OLAI 92].

Da die Korrekturbewegung von der Bahnbewegung entkoppelt ist, kann mit wesentlich höheren Geschwindigkeiten gearbeitet werden. Dieser Vorteil der Zusatzachsenregelung ist durch die bei Korrekturbewegungen geringen bewegten Massen und der sich daraus ergebenden kleinen Trägheit bedingt. Zu beachten ist jedoch beim Einsatz einer Zusatzachse die ständig variierende Werkzeugkorrektur. Die WZK gibt, wie in Bild 6-21 dargestellt, die Lage des Fokuspunktes

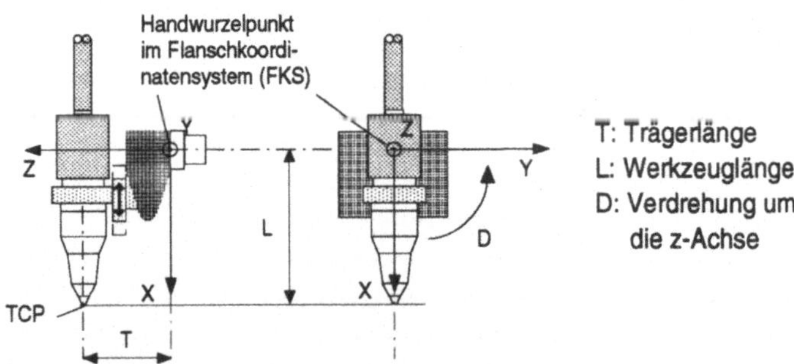

Bild 6-21:   Definition der Werkzeugkorrektur

(TCP) relativ zum Handwurzelpunkt des Flanschkoordinatensystem (FKS) der Roboterhand an. Sie wird definiert durch eine Trägerlänge, eine Werkzeuglänge und eine Verdrehung des Werkzeuges um die z-Achse des FKS. Diese ist normalerweise fest in der Robotersteuerung vorgegeben.

Bei toleranzbehafteten Werkstücken entspricht der Verlauf des TCP nicht der programmierten Bahn. Durch den Abstandsausgleich über die Zusatzachse verschiebt sich der Fokuspunkt (TCP) entsprechend mit, und die Werkzeuglänge L verändert sich um ΔL. Bei Bearbeitungsabläufen, die ohne Orientierungsänderung des Werkzeuges möglich sind, hat dies keinen negativen Einfluß auf die Bahngenauigkeit. Bahnabweichungen ΔL von der programmierten Bahn werden von dem Sensorsystem erfaßt und durch die Zusatzachse ausgeglichen. Dieser Vorgang wiederholt sich ständig, weil die Zusatzachse kontinuierlich korrigiert (vgl. Bild 6-22).

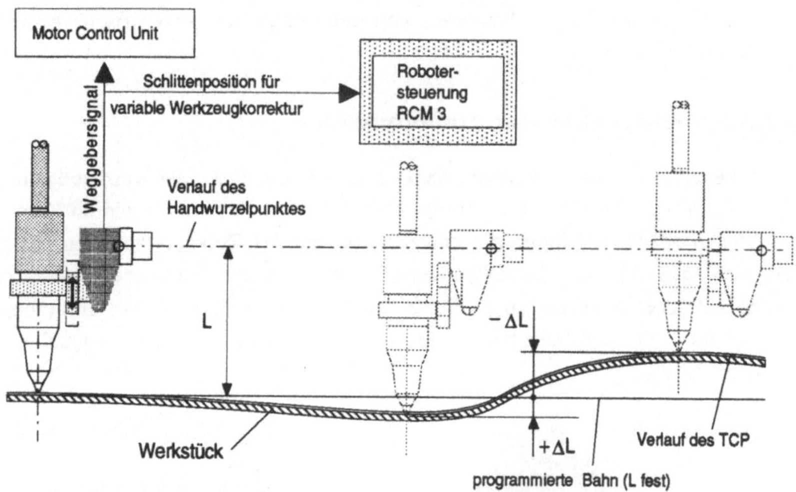

Bild 6-22: Werkzeugkorrektur beim Einsatz einer Zusatzachse

Anders wirkt sich die feste WZK bei Bewegungen aus, die eine große Orientierungsänderung des Werkzeuges erfordern, z.B. beim Schneiden von Kanten (vgl. Bild 6-9). Dabei dreht sich das Werkzeug um den TCP, damit die Lage der Werkzeugspitze durch die Orientierungsänderungen des Werkzeuges nicht beeinflußt wird. Wenn die Werkzeugkorrektur jedoch fest vorgegeben ist, kann es beim Einsatz der Zusatzachse zu Bahnabweichungen kommen, weil die aktuelle, tatsächliche Werkzeuglänge bei der Berechnung der Drehbewegung nicht berücksichtigt wird. Dadurch dreht sich die Roboterhand bei Orientierungsänderungen nicht um den aktuellen Fokuspunkt auf der Werkstückoberfläche, sondern um den fest definierten TCP der programmierten Bahn.

Dieses Problem wird mit einer variablen Werkzeugkorrektur gelöst. Dabei wird die Spannung des Weggebers über die Analogschnittstelle in die Robotersteuerung eingelesen und die WZK vor jedem Bewegungssatz neu berechnet. Somit dreht die Roboterhand auch bei Umorientierungen immer um den aktuellen, entsprechend der Werkzeuglängenänderung angepaßten TCP (vgl. Bild 6-22).

Die Regelung über eine Zusatz-Achse ist programmiertechnisch die ideale Lösung. Die Funktionsanwahl über Anwenderausgänge ist einfach, beaufschlagt die IR-Steuerung nur mit extrem kurzen Rechenzeiten und ermöglicht schnelle Reaktionen. Der Programmieraufwand ist wesentlich geringer, da die Bahnpunkte nur hinsichtlich ihrer Orientierung exakt programmiert werden müssen. Außerdem sind die Programme durchschaubarer, weil nur wenige sensorspezifische Anweisungen notwendig sind.

6.7.2.3 Genauigkeitsuntersuchungen

Das Meßverhalten des kapazitiven Sensors ist von der Form der Kupferdüse und der zu schneidenden Kontur abhängig. So kann es zu Fehlmessungen an Kanten und Stegen oder bei Orientierungsungenauigkeiten des Roboters kommen. Diese verändern den Abstand der Düse zum Blech bzw. die Fokuslage relativ zur Blechoberfläche in unzulässiger Weise. Eine solche fehlerhafte Positionierung, wie in Bild 6-23 dargestellt beeinflußt das Meßverhalten und kann zu Qualitätseinbußen führen.

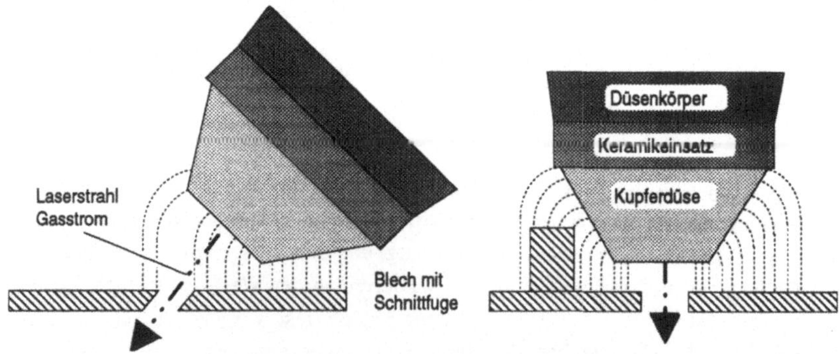

Bild 6-23:   Meßfehler aufgrund falscher Orientierung, Stege und Kanten

Um eine Aussage über die Einsatzmöglichkeiten des kapazitiven Abstandssensorsystems treffen zu können, werden Genauigkeitsuntersuchungen durchgeführt, die Aufschluß über das Verhalten des Sensorsystems bei Meßaufgaben geben, die diese Problemstellen beinhalten. Als erste Meßaufgabe werden zwei ansteigende Rampen gewählt (vgl. Bild 6-24). Die eine steigt unter einem Winkel von 5°, die andere unter 10°. Das zweite Beispiel ist eine 5 mm hohe Stufe (vgl. Bild 6-25). Bei der dritten Meßaufgabe wird der seitliche Einfluß eines Steges auf den Sensor aufgezeichnet (vgl. Bild 6-26). Die Verfahrgeschwindigkeit beträgt dabei immer 1 m/min.

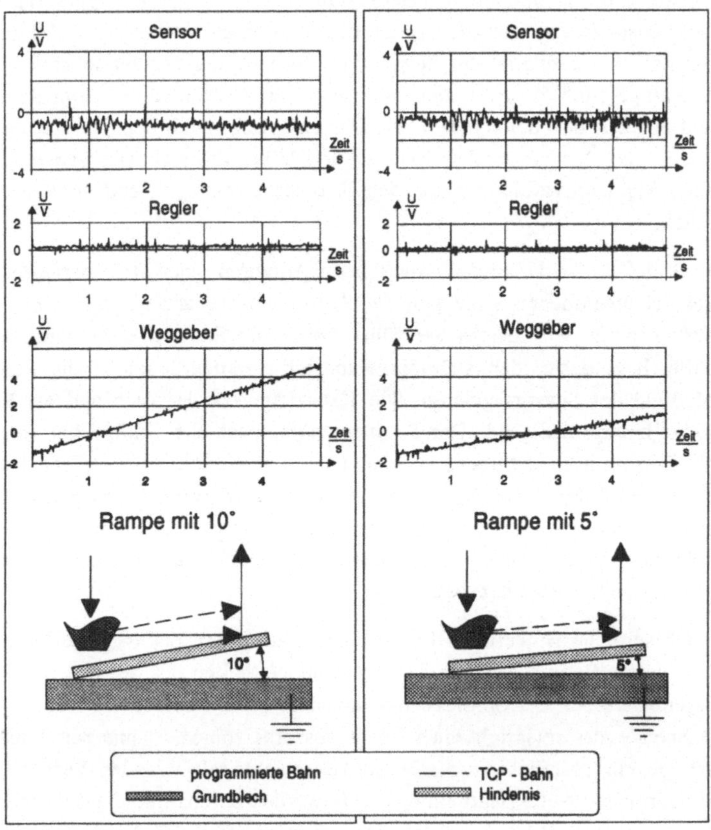

Bild 6-24: Abfahren von Rampen

Zur Untersuchung des dynamischen Regelverhaltens wurden Sensor-, Weggeber- und Regelspannung gleichzeitig aufgezeichnet. Das Sensorsignal ist die analoge Spannung, die der Sensor abstandsabhängig ausgibt. Das Weggebersignal gibt die Lage des Positionsschlittens an. Damit ist es möglich, das Verhalten des Schlittens bezüglich des Sensorsignals abzulesen. Die Regelspannung ist das Signal der Motorsteuerung an die Positioniereinheit. Im folgenden werden die einzelnen Meßbeispiele beschrieben und diskutiert.

Bild 6-24 zeigt die Sensor-, Regler- und Weggebersignale beim Abfahren von Rampen mit unterschiedlichen Neigungen. Deutlich ist der Verlauf des Sensorsignals und das beständige Nachregeln anhand des Reglersignals zu erkennen. Der Sensor ist zu einem dauernden und konstanten Nachregeln (-1V) gezwungen. Bei der 10° Rampe ist das Sensor- und Regelsignal doppelt so groß wie bei der 5° Rampe (-0,5V). Im ersten Fall steigt das Positionssignal doppelt so steil an und erreicht den doppelten Wert. Das entspricht auch dem Verlauf des Hindernisses, das dementsprechend steiler und höher ansteigt. Die Schwingungen bei allen Signalen resultieren aus den Roboterbewegungen und überlagertem Rauschen.

In Bild 6-25 ist der Signalverlauf beim Abfahren einer Stufe dargestellt. Bereits vor der eigentlichen Stufe gibt der Sensor ein Signal aus, was zu einer Korrekturbewegung der Zusatzachse führt, bevor die Stufe erreicht wird. Der Grund dafür liegt darin, daß sich die Kapazität verändert, sobald die Stufe in das Meßfeld des Sensors gelangt. Die Kapazität verändert sich und der Reglerwert steigt betragsmäßig an. Der Schlitten sinkt nach der Stufe nicht sprungförmig ab. Erst nach einer Strecke von ca. 13 mm erreicht er seinen Nennabstand, weil in diesem Bereich die abgefahrene Stufe noch teilweise im Meßfeld des Sensorsystems liegt und somit das Sensorsignal beeinflußt. Das beständige Nachregeln über dem ebenen Blech rührt daher, daß die programmierte Bahn nicht exakt parallel zum Werkstück liegt.

Auch seitliche Hindernisse haben einen Einfluß auf das Regelverhalten. In Bild 6 26 ist zu Beginn deutlich das konstante Verhalten des Sensors und Reglers zu erkennen. Auch der Schlitten hält konstant seine Position. Ca. 42 mm vor dem Bahnende, das entspricht einer Länge des Lots von ca. 11 mm zur Hinderniskante erfolgt ein plötzliches, relativ starkes Nachregeln bis der Sensor über dem Hindernis ist. Neue Bearbeitungsköpfe werden bereits mit abgeschirmten Cu-Düsen angeboten. Dies verringert die oben genannten Fehlmessungen [WEID 90].

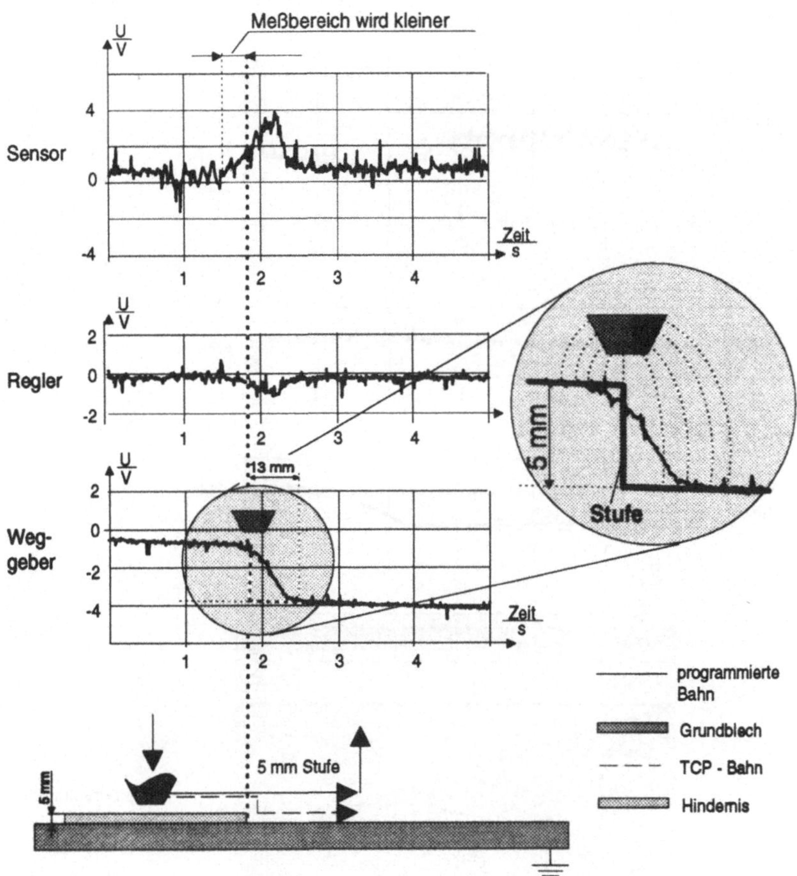

Bild 6-25:   Signalverlauf beim Abfahren einer 5 mm hohen Stufe

Die Genauigkeitsuntersuchungen zeigen, daß bei rampenförmigen Hindernissen
der Sensor die Optik über dem Werkstück ideal führt bzw. regelt. Treten dagegen
seitliche Hindernisse oder Stufen auf, wird der Fokus zu hoch geregelt. Die
Auswirkungen sind, daß entweder nicht durchgeschnitten wird, oder bei entspre-
chender Leistung, die Schnittfuge zu groß wird. Es kann sogar zu großen Ein-
brandstellen kommen. Schnittlinien sollten deshalb nicht zu nah an Stufen oder
ähnlichem vorbeigeführt werden. Ist es unvermeidbar über Stufen zu schneiden,
muß eine Umorientierung des Roboters erfolgen. Dabei sollte der Strahl möglichst

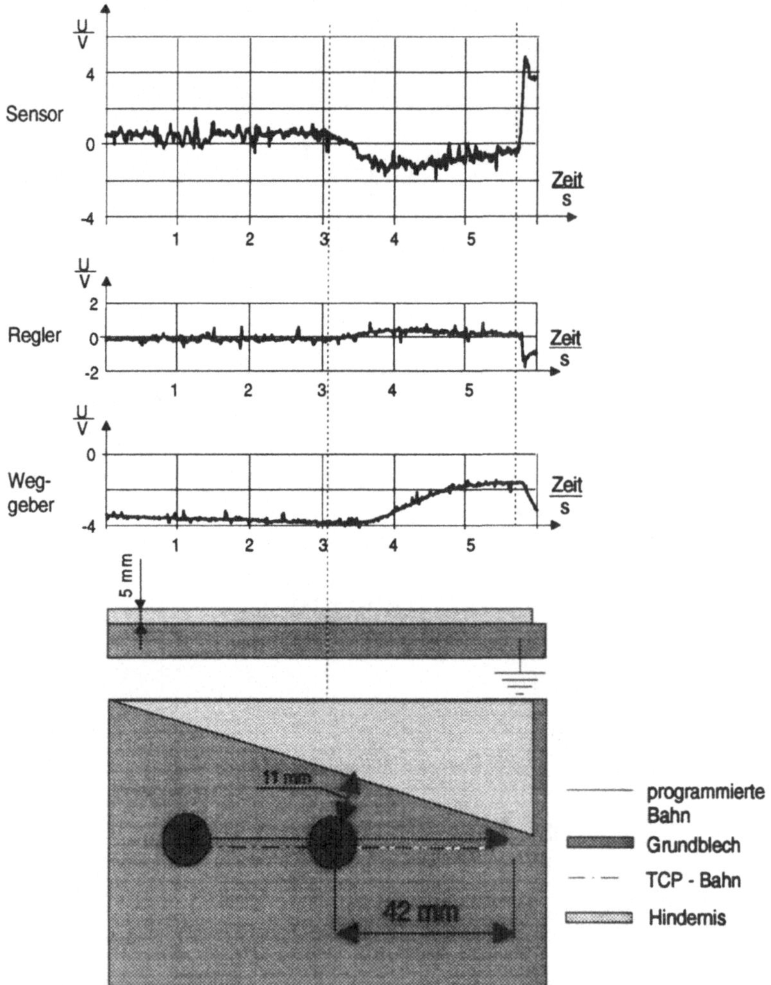

Bild 6-26: Signale bei seitlichen Störeinflüssen

senkrecht zur Oberfläche gehalten werden. Diese kritischen Stellen und Hindernisse können bereits bei der Bewegungssimulation innerhalb des Simulationssystems durch eine visuelle Kontrolle des Anwenders erkannt und durch Sensor-
befehle beeinflußt werden. Dafür bietet das Sensorsystem die Möglichkeit der

Vorgabe einer definierten Spannung, die mit dem Meßwert verrechnet werden kann.

Das Hauptanwendungsgebiet des kapazitiven Abstandssensorsystems ist das Schneiden. Prinzipiell ist das System auch zur Abstandskorrektur beim Schweißen mit gepulsten Lasern einsetzbar. Die während eines Schweißpulses auftretenden kapazitiven Änderungen im Meßfeld des Sensors sind so kurz, daß sie einfach geglättet werden und somit keinen Einfluß auf die Abstandsregelung haben. Eine Bahnverfolgung beim Laserschweißen ist jedoch nicht möglich, da das System den seitlichen Versatz nicht erfassen kann. Dazu muß ein anderes System eingesetzt werden.

6.7.3 Nahtfolgesensorik für das Laserschweißen

Im Gegensatz zu Punktschweißaufgaben, bei denen, wie der Name bereits andeutet, nur ausgewählte Punkte bearbeitet werden, müssen bei der Bahnbearbeitung theoretisch unendlich viele Punkte exakt angefahren werden. Beim Laserschweißen stellen die Führung des Laserstrahles entlang der Schweißfuge und die Regelung der Prozeßparameter die Kernprobleme dar. Da aber gerade beim Schweißen produktionsbedingt oft sehr hohe Formtoleranzen der Bauteile untereinander auftreten, muß bei sehr vielen Applikationen jede Schweißbahn nachprogrammiert werden, da eine Positionskorrektur allein meist nicht ausreicht, um den Roboter anschließend mit ausreichender Genauigkeit entlang der realen Bahn

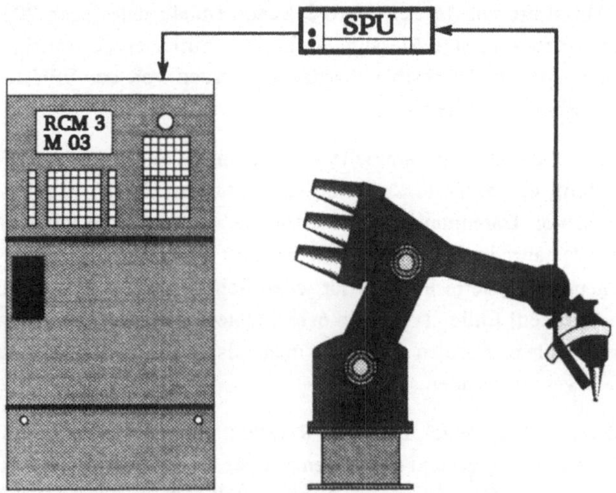

Bild 6-27: Anbindung an die Robotersteuerung

zu führen. Da aber ein Nachprogrammieren der Bahn sehr viel Zeit in Anspruch nimmt und somit den wirtschaftlichen Lasereinsatz hemmt, ist ein solches Vorgehen für den Industrieeinsatz in der Regel ungeeignet.

Zur Lösung des beschriebenen Problems, d.h. zum Erfassen und Ausgleich der Toleranzen beim Laserschweißen, sind spezielle optische Nahtfolgesensoren verfügbar, die sowohl vorlaufend als auch konzentrisch um den Arbeitspunkt angeordnet sind. Damit ist dem Anwender ein Werkzeug gegeben, das ihn in die Lage versetzt, den Spann- und Programmieraufwand erheblich zu reduzieren, was enorme Kosten- und Zeiteinsparungen bringt.

In dieser Arbeit wird das Nahtfolgesystem Seampilot der Fa. Oldelft in die CO_2-Laseranlage eingebunden und in die CAD/CAM-Kopplung integriert (vgl. Bild 6-27). Bei dem untersuchten Nahtfolgesensorsystem Seampilot handelt es sich um einen vorlaufenden, berührungslos messenden Lasersensor [OLDE 89]. Die Funktionsweise des Sensorsystems, die möglichen Regelstrategien sowie die erreichbaren Genauigkeiten werden nachfolgend erläutert.

6.7.3.1 Funktionsprinzip des Sensorsystems

Die Kamera tastet das Werkstück oder das Profil der Schweißfuge mit einem Laserstrahl ab (vgl. Bild 2-13). Der Abstand vom reflektierten Laserfleck auf dem Werkstück zur Kamera wird mit einer Geschwindigkeit von 2500 Messungen pro Sekunde ermittelt. Von diesen Messungen werden dann 2000 wirklich benutzt. Bei einer Abtastrate von 10 Scans pro Sekunde enthält jeder Scan 200 Abstandsmessungen. Unzuverlässige Messungen, hervorgerufen durch Rauch, Staub oder Spiegelungen von der Werkstückoberfläche, werden von der SPU (Sensor Processing Unit) herausgefiltert.

Die während eines Scans gesammelte Datenmenge ermöglicht es, das Profil oder den Querschnitt des Werkstücks genau zu bestimmen. In der Praxis sind jedoch eine Vielzahl von Datenpunkten redundant, da sie annähernd auf einer Geraden liegen. Die Datenreduzierungsfunktion entfernt alle überflüssigen Punkte und bestimmt neue "reduzierte Punkte" für jeden Schnittpunkt von zwei aufeinanderfolgenden (geraden) Linien (vgl. Bild 6-28). Untersuchungen haben dabei gezeigt, daß sogar komplexe Formen mit nicht mehr als 15 "reduzierten Datenpunkten" beschrieben werden können.

Ein sogenanntes "Template" dient als Referenz für den Erkennungsalgorithmus der Nahtgeometrie. Es besteht zum einen aus der Beschreibung eines Fugenprofils in der Form seiner Grundtypen (V-Naht, I-Stoß, Überlappnaht usw.) und zum

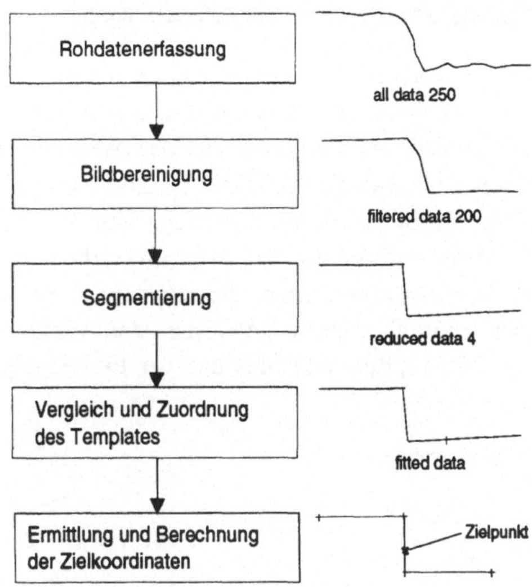

Bild 6-28:   Prinzip der Datenreduzierung

anderen aus deren Abmessungen (Längeneinheiten in mm, Winkelmaße) sowie deren Toleranzen. Bild 6-29 zeigt die Beschreibung eines Templates am Beispiel einer Überlappkehlnaht.

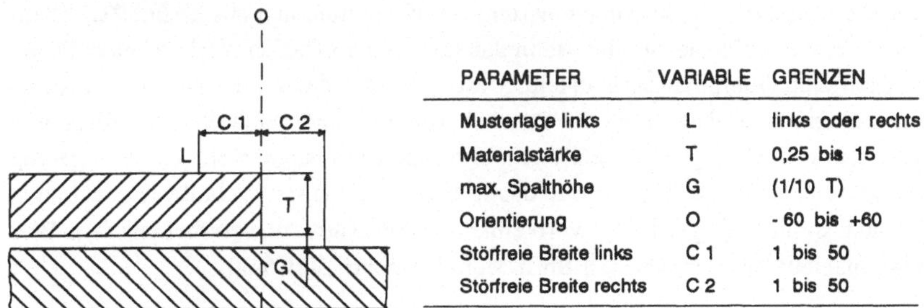

PARAMETER	VARIABLE	GRENZEN
Musterlage links	L	links oder rechts
Materialstärke	T	0,25 bis 15
max. Spalthöhe	G	(1/10 T)
Orientierung	O	- 60 bis +60
Störfreie Breite links	C 1	1 bis 50
Störfreie Breite rechts	C 2	1 bis 50

Bild 6-29:   Beschreibung der Nahtgeometrie

Bei der Schweißnahterkennung (matching) wird überprüft, ob das Nahtprofil, wie es im Template definiert wurde, in den reduzierten Daten enthalten ist. Ist die Nahterkennung erfolgreich, so berechnet der Sensorrechner (SPU) die Koordinaten der für die Naht charakteristischen Punkte.

6.7.3.2 Anbindung an die Robotersteuerung

Ausgehend von diesen markanten Punkten müssen die Korrekturwerte für die Robotersteuerung berechnet werden. Es handelt sich dabei um eine Bahnkorrektur, weil die Bahnpositionen in ihrer Lage und den Werkzeugorientierungen im Programm vorgegeben sind. Die Funktion des Sensors besteht in der Erfassung der Kontur im On-line-Betrieb und der Ermittlung von Abweichungen zur programmierten Bahn. Dabei erfolgt die Sensordatenverarbeitung in der Robotersteuerung oder im Sensorrechner. Beim Einsatz des Sensorsystems und der verwendeten Robotersteuerung muß man zwischen drei Verfahren differenzieren, die sich hinsichtlich des Programmablaufes und der Einsatzmöglichkeiten unterscheiden. Dies sind

- die Delayed-Shift-Methode,

- das Sekantenverfahren und

- die 3D-Bahnkorrektur.

Bei den beiden erstgenannten Methoden erfolgt die Berechnung der Stellgrößen (Korrekturwerte) durch den Sensorrechner. Dazu wird die Standard-Sensorsoftware "Delayed Shift" eingesetzt [OLDE 89]. Die Software ermöglicht es, eine vorgegebene Schweißnaht zu erkennen und den Roboter so zu steuern, daß die Schweißdüse entlang der Naht geführt wird. Die Korrekturwerte werden in einem festen Zeitraster über die serielle Schnittstelle an die RCM übertragen. Während des Betriebs liest die Robotersteuerung die Korrekturdaten aus einem Zwischenspeicher und gibt sie an die Bahnplanung weiter. Die so vorbereiteten Daten werden zum Interpolationsbaustein übertragen, der daraus die neuen Bahnstützpunkte berechnet. Die durch die Datenübertragung und durch die Transformation von kartesischen in gelenkspezifische Koordinaten bedingte zeitliche Verzögerung erlaubt einen Online-Betrieb nur dann, wenn der Sensor vorlaufend angebracht ist und somit genügend Zeit verbleibt, um die Daten zu verarbeiten. Den Programmablauf bei der Delayed-Shift-Methode zeigt Bild 6-30.

Der Ablauf unterteilt sich in die Phasen Nahtanfangssuche, Bahnverfolgung und Nahtendeerkennung. Die Schweißdüse wird zunächst von der programmierten Ausgangsstellung in die Suchposition gebracht. Ab hier beginnt der Sensor mit dem Suchen des Schweißnahtanfangs. Dabei bewegt er sich in Richtung eines ebenfalls programmierten angepeilten Punktes. Der Stützpunkt gibt auch die Orientierung der Schweißdüse an. Hierbei ist zu beachten, daß der angepeilte Punkt hinter dem tatsächlichen Schweißnahtende liegen muß. Ist dies nicht der Fall, so bleibt die Düse am programmierten Nahtende stehen und fährt nicht bis

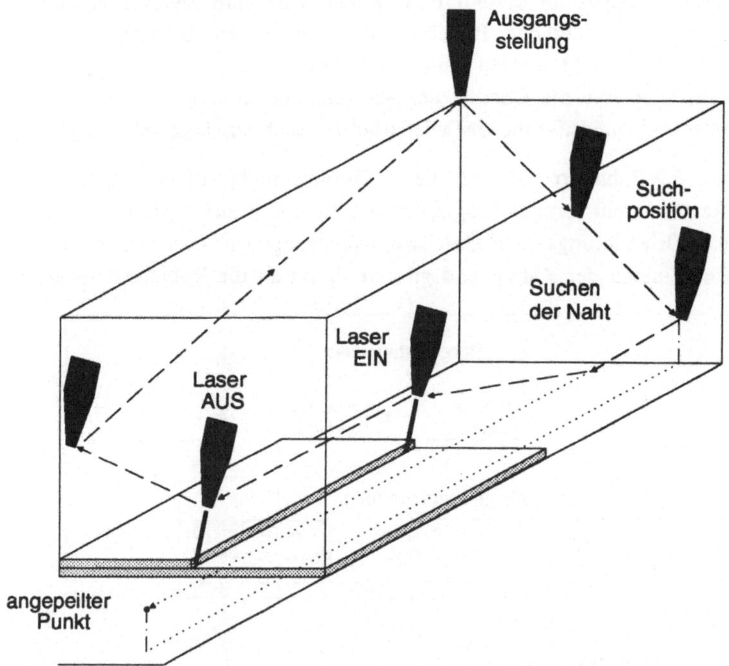

Bild 6-30:   Schematische Darstellung des Programmablaufes

zum tatsächlichen Nahtende. Nach dem Erkennen des Nahtanfangs wird die Düse zum Startpunkt gefahren, der Laserstrahl eingeschaltet und die Naht sensorgeführt geschweißt. Sobald das Nahtende erreicht ist, schaltet das Programm den Laserstrahl aus und bringt die Schweißdüse wieder in die Ausgangsstellung zurück.

Dieser Programmablauf stellt bezüglich des Programmieraufwandes die ideale Lösung dar, weil nur sehr wenige Positionen programmiert werden müssen. Er ermöglicht aber keine Bahnverfolgung mit Orientierungsnachführung, weil die verwendete Standard-Software die Orientierungsänderung der Werkzeugdüse nicht berücksichtigen kann. Somit ist dieses Verfahren für Applikationen, bei denen das Bauteil nicht mit konstanter Werkzeugorientierung schweißbar ist, nur eingeschränkt einsetzbar.

Bei komplexeren Konturen, die eine Orientierungsnachführung erfordern, muß die gesamte Bahn daher in mehrere Teilstücke zerlegt (polygonalisiert) werden. Die Abarbeitung dieser Teilstücke kann dann mit der Delayed-Shift-Methode sukzessiv erfolgen. In diesem Fall spricht man vom Sekantenverfahren. Das Problem dieser Methode besteht darin, daß praktisch keine durchgängige Schweißnaht erzeugt werden kann. Bei jedem Teilstück entstehen Ansatz- und Auslaufstellen, die die Qualität der Schweißnaht reduzieren. Zudem dauert der gesamte Vorgang aufgrund der wiederholten Suchvorgänge sehr lange.

Bei der 3D-Bahnkorrektur tritt dieses Problem nicht auf (vgl. Bild 6-31). Der Roboter führt ein fertiges Programm kontinuierlich aus. Dieses enthält alle Positions-, Orientierungs- und Geschwindigkeitsangaben. Das Sensorsystem erfaßt die Koordinaten der Kontur und gibt sie direkt an die Robotersteuerung weiter.

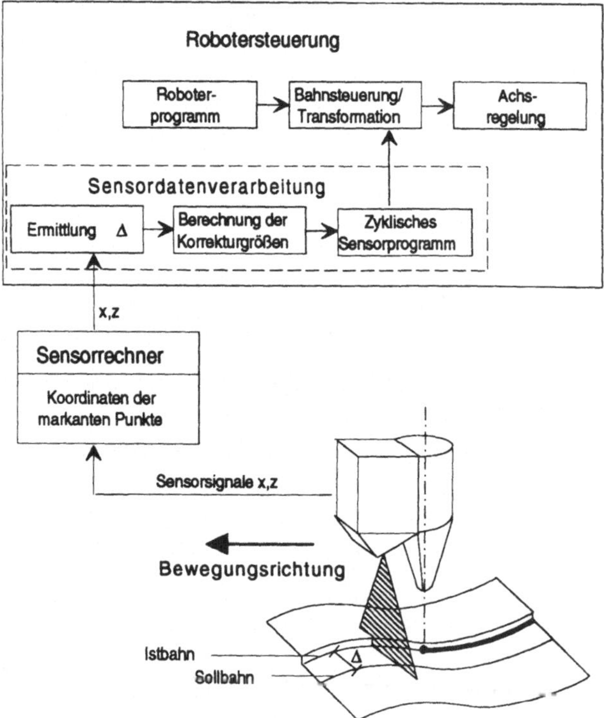

Bild 6-31: Programmablauf bei der Bahnkorrektur

Die Sensordatenverarbeitung wird von den Sensorfunktionen der Robotersteuerungen vorgenommen. Dazu werden die Ist-Koordinaten der markanten Punkte mit den Soll-Koordinaten verglichen. Falls Differenzen auftreten, werden Korrekturvektoren errechnet, die unter Berücksichtigung von Vorlauf und Geschwindigkeit, zeitverzögert die Korrektur der Roboterbewegung durchführen. Gerade in Kombination mit der Off-line-Programmierung ist dieses Verfahren geeignet, weil man dabei bereits ein fertiges RC-Programm erhält, das sensorunterstützt direkt ausführbar ist. Zudem ist mit der Bahnkorrektur eine kontinuierliche Abarbeitung des RC-Programms ohne Ansatz- und Auslaufstellen möglich. Aus diesem Grund ist dieses Verfahren der Sekantenmethode bei der räumlichen Bearbeitung vorzuziehen. Für die 3D-Bahnkorrektur ist die rechnergestützte Programmerstellung von großer Bedeutung, da man aus der Arbeitsvorbereitung bereits ein feinprogrammiertes Programm mit den notwendigen Stützpunkten erhält.

Die drei dargestellten Verfahren basieren auf einem unidirektionalen Datenfluß. Ein wesentliches Problem bei diesen Verfahren ergibt sich bei der Umrechnung der Sensorkoordinaten (Koordinaten der markanten Punkte) in die Inertialkoordinaten des Roboters. Hierfür muß der geometrische Zusammenhang von Roboterhandsystem und Sensorkoordinatensystem exakt bekannt sein. Dieser muß vorab ermittelt werden.

6.7.3.3 Genauigkeitsuntersuchungen

Ein Problem bei der Bahnkorrektur stellt der mit zunehmender Bearbeitungsgeschwindigkeit anwachsende Vorlauf dar. Um eine Aussage über die erreichbaren Genauigkeiten zu erhalten, werden verschiedene Genauigkeitsuntersuchungen durchgeführt. Diese enthalten sowohl theoretische Betrachtungen als auch entsprechende Messungen.

Theoretische Betrachtungen

Das Nahtfolgesystem Seampilot ist ein abtastendes Sensorsystem. Es arbeitet mit einer Scanrate von 1-16 Hz. Dadurch ergeben sich Strecken ohne Detektion a, deren Länge von der Scanrate f des Sensorsystems und der Bahngeschwindigkeit v abhängen. Die Abhängigkeit zeigt Gleichung 6.1.

$$a = \frac{v}{f} \qquad\qquad\qquad (Gl.\ 6.1)$$

Beispielsweise ergibt sich bei einer geforderten Bearbeitungsgeschwindigkeit von 5 m/min eine Strecke ohne Detektion von 5,2 mm, wenn das Sensorsystem mit maximaler Abtastfrequenz arbeitet. Somit wird die tatsächliche Bahnkontur mit einer abgetasteten Punktefolge im Abstand a polygonalisiert (vgl. Bild 6-32).

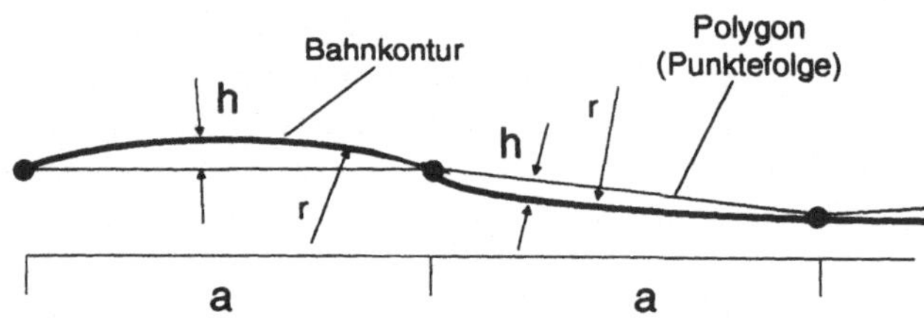

*Bild 6-32: Bahngenauigkeit in Abhängigkeit von Abtastrate und Krümmungs-
            radius*

Dabei entsteht ein Abtastfehler h, der sich aus der Abweichung zwischen der
polygonalisierten Bahn und dem tatsächlichen Bahnverlauf ergibt. Die Abweichung h ist also abhängig von der Strecke ohne Detektion und von der geometrischen Kontur, die durch den Krümmungsradius r der Bahn charakterisiert ist.
h ergibt sich, unter der Annahme eines konstanten Krümmungsradius zwischen
zwei polygonalisierten Punkten, folglich unmittelbar aus der Formel für die Höhe
eines Kreissegmentes [BRON 81]:

$$h = r - \sqrt{r^2 - \frac{a^2}{4}}$$
                                                                    (Gl. 6.2)

Aus den Gleichungen 6.1 und 6.2 läßt sich unter Bezug auf Bild 6-32 die
theoretische Abhängigkeit der Bahnabweichung h von der Geschwindigkeit v,
der Scanrate f und den Krümmungsradien ableiten (vgl. Gl. 6.3).

$$h = r - \sqrt{r^2 - \frac{(v/f)^2}{4}}$$
                                                                    (Gl. 6.3)

Mit einer höheren Scanrate könnte die Abtastgenauigkeit noch gesteigert werden.
Dies ist jedoch bei dem eingesetzten Sensorsystem aufgrund der begrenzten
Rechengeschwindigkeit nicht möglich. Folglich muß bei kleinen Radien die
Bearbeitungsgeschwindigkeit reduziert werden, um noch eine ausreichende Ab-
tastgenauigkeit zu erzielen.

Der Such- und Erfassungsbereich des Sensors wird hauptsächlich durch dessen
Meßbereich und Vorlauf bestimmt. Eine Einschränkung ergibt sich daraus, daß
das Sensorsystem keinen zusätzlichen Freiheitsgrad um die Bearbeitungslaser-
strahlachse besitzt. Der kleinste vom Sensor erfaßbare Krümmungsradius r_{min}

der Bahn berechnet sich, wie in Bild 6-33 a dargestellt, aus der Meßbereichslänge bzw. Scanweite S und dem Sensorvorlauf V. Es zeigt sich deutlich, daß der Vorlauf möglichst klein sein sollte, um auch engere Kurven verfolgen zu können.

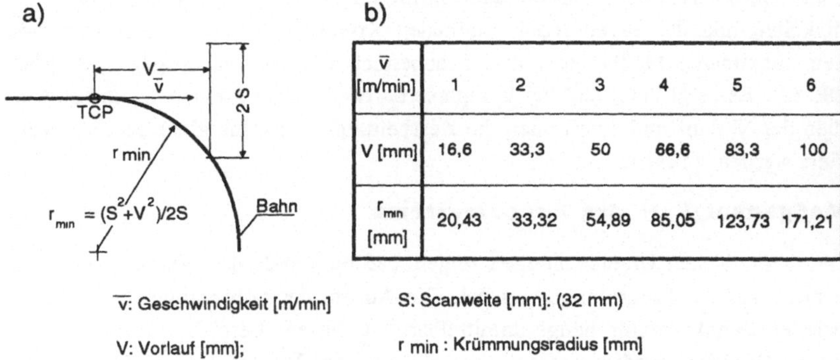

v̄ [m/min]	1	2	3	4	5	6
V [mm]	16,6	33,3	50	66,6	83,3	100
r_{min} [mm]	20,43	33,32	54,89	85,05	123,73	171,21

Bild 6-33: Minimale Krümmungsradien abhängig vom Vorlauf

Der Sensorvorlauf kann jedoch nicht beliebig klein gewählt werden, weil er von der Bearbeitungsgeschwindigkeit und der Zeit zur Berechnung der Korrekturgrößen abhängig ist. Das eingesetzte Oldelft-RCM-System benötigt als Reaktionszeit zwischen der erfaßten Bahnänderung und der daraus resultierenden Korrektur ca. 1 s (vgl. Bild 6-34). Zur Ermittlung des Zielpunktes (vgl. Bild 6-28) benötigt das Sensorsystem 300 ms. Weitere 500 ms braucht der Sensorrechner zur Berechnung der Korrekturvektoren. Die Datenübertragung zur Robotersteuerung und die steuerungsinterne Umsetzung der Korrekturwerte in konkrete Bewegungsanweisungen erfolgt in ca. drei IPO-Takten. Somit beträgt die Totzeit des Robotersystems ca. 200 ms, bei einem IPO-Takt von 64 ms. Ausgehend von der

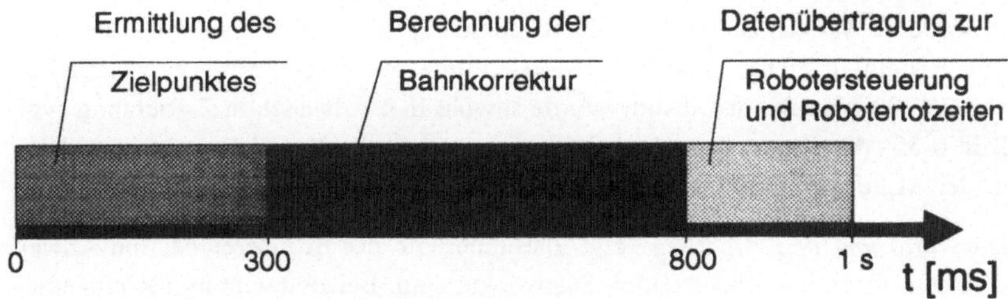

Bild 6-34: Reaktionszeit der Robotersteuerung

Reaktionszeit t des Gesamtsystems Sensor-Roboter läßt sich somit der notwendige Vorlauf V bei gegebener Geschwindigkeit v bestimmen (Gl. 6.4):

$$V = v \cdot t \hspace{8cm} (Gl.\ 6.4)$$

Bild 6-33 b zeigt diesen Zusammenhang für verschiedene Bearbeitungsgeschwindigkeiten und die zugehörigen minimalen Krümmungsradien. Dabei wird von dem maximalen Meßbereich bzw. Scanbereich von 64 mm ausgegangen [OL-DE 89]. Es zeigt sich, daß bei komplexeren Bahnen mit kleinen Krümmungsradien der Vorlauf und somit auch die Bearbeitungsgeschwindigkeit deutlich reduziert werden müssen.

Meßgenauigkeit des Sensorsystems

Die theoretischen Untersuchungen zeigen, daß die Größe des Meßbereichs einen Einfluß auf die Programmierung hat. Die Anzahl der notwendigen Stützpunkte bei der Bahnkorrektur hängt unmittelbar mit diesem Bereich zusammen. Aus diesen Gründen wurden in einer Versuchsreihe der Meßbereich des Sensors und die Auflösung in Abhängigkeit vom Scanbereich gemessen.

Bei dem verwendeten Sensorsystem ist der Scanwinkel (vgl. Bild 6-35) von 10 bis 40 Grad einstellbar. Im Rahmen dieser Untersuchungen wurde die nutzbare Scanweite in Abhängigkeit vom eingestellten Scanwinkel bestimmt. Die "nutzbare Scanweite" ist der Bereich, in dem die Schweißnaht durchweg erkannt wird. Diese wurde im Zentrum (z = 180 mm) ermittelt.

Die Untersuchungen zeigen, daß der effektiv nutzbare Scanwinkel um etwa fünf Grad kleiner als der softwaremäßig eingestellte ist. Der effektiv nutzbare Abtastbereich verringert sich somit. Um kleinere Krümmungsradien noch mit ausreichender Genauigkeit verschweißen zu können, darf keine Fehlmessung auftreten. Nur bei Bauteilen mit leichten Krümmungen und geradenähnlichen Bahnen können vereinzelt Fehlmessungen toleriert werden.

In weiteren Versuchen erfolgte die Bestimmung der Meßauflösung des Sensors. Zur Zustellung diente dabei ein Kreuzschlitten mit einer Positioniergenauigkeit von 2/1000 mm. Die Auflösung wurde sowohl in Y- als auch in Z-Richtung (vgl. Bild 6-35) des Kamerakoordinatensystemes bestimmt. Der Nullpunkt liegt dabei in der Mitte des vertikalen Scanbereichs (z = 180 mm).

Die *Auflösung in Y-Richtung* zeigt, daß innerhalb des Scanbereiches die Abweichungen linear zum eingestellten Scanwinkel sind. Bei Betrachtung der einzelnen Meßreihen stellt sich heraus, daß die Auflösung des Sensorsystems mit dem

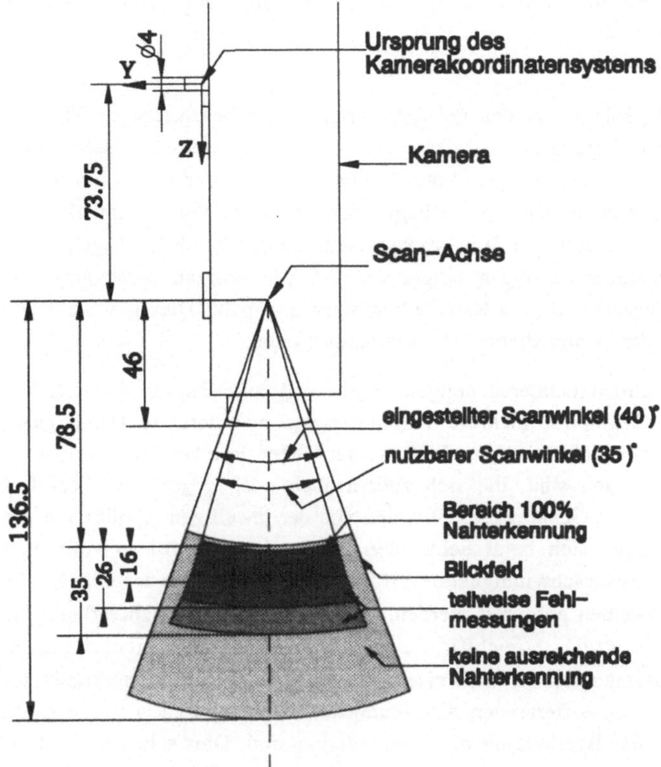

Bild 6-35: Auflösungsvermögen des Sensors innerhalb des Sichtfeldes

eingestellten Scanwinkel variiert. Bei 10° beispielsweise 0,1 mm Auflösung, bei 20° etwa 0,2 mm, usw.

In Z-Richtung wird bei allen Scanwinkeln die gleiche Auflösung erreicht, nämlich 0,1 mm. Ab 16 mm Abstand von der oberen Grenze des vertikalen Scanbereichs treten vereinzelt Fehlmessungen (Mismatches) auf, ab 26 mm häufen sich diese, ab 35 mm ist eine Nahterkennung praktisch nicht mehr möglich.

Zusammenfassend kann festgestellt werden, daß der optimale horizontale Scanbereich zwischen 60 mm (bei 40 Grad Scanwinkel, 0,4 mm Auflösungsvermögen) und 7 mm (bei 10 Grad Scanwinkel, 0,1 mm Auflösungsvermögen) bei einem Abstand kleiner als 16 mm von der oberen Grenze des Scanfeldes liegt. Die Untersuchungen zeigen zudem, daß das System bei Scanwinkeln > 10° in

Z-Richtung eine bessere Auflösung als in Y-Richtung besitzt (bezogen auf das Sensorkoordinatensystem). Beim Einsatz des Sensorsystems Seampilot müssen diese Gegebenheiten berücksichtigt werden.

Diese Ergebnisse werden bei der in Kapitel 6.5 beschriebenen Programmerstellung und Simulation berücksichtigt. Das Generieren der Bahnpunkte erfolgt derart, daß je nach eingestelltem Scanwinkel der Sichtbereich immer optimal auf der zu bearbeitenden Kontur liegt. Dazu wird der Vorlauf und der Scanbereich des Sensormodells im Simulationssystem entsprechend den Ergebnissen der Genauigkeitsuntersuchungen eingestellt. Bei der Programmerstellung werden die Bewegungssätze diesen Randbedingungen angepaßt. Dies geschieht grafisch interaktiv durch den Planer im Simulationssystem.

Die Genauigkeitsuntersuchungen zeigen, daß beim Einsatz des Nahtfolgesensorsystems Seampilot mehrere Parameter wie erforderliche Genauigkeit, Krümmungsradius, Meßbereich, Sensorvorlauf oder Bearbeitungsgeschwindigkeit zu berücksichtigen sind, die sich zudem auch noch gegenseitig beeinflußen. Die erforderlichen Genauigkeiten werden von der jeweiligen Applikation vorgegeben und bewegen sich beim Schweißen im Bereich von 0,1 mm bis zu 0,4 mm. Bearbeitungsgeschwindigkeiten größer als 5 m/min, die eigentlich beim Laserstrahlschweißen gefordert werden, sind nur für Schweißnahtverläufe mit großen Krümmungsradien erreichbar. Beim Schweißen von Konturen, die unterschiedliche Krümmungsradien aufweisen, müssen sich die Parameterkombinationen an den kleinsten auftretenden Krümmungsradien orientieren, weil die Einstellungen während der Bearbeitung nicht veränderbar sind. Dies schränkt die Einsatzmöglichkeiten des Sensorsystems für komplexere räumliche Applikationen ein.

6.8   Zusammenfassung

Im Rahmen dieser Arbeit wurde eine CAD/CAM-Kopplung realisiert, die eine Datendurchgängigkeit vom CAD-System über ein Simulationssystem (CAP) bis zu den Steuerungen in der Produktionsebene (CAM) ermöglicht (vgl. Bild 6-36).

Damit kann man, ausgehend von dem CAD-Modell des zu bearbeitenden Werkstückes, das RC-Programm rechnergestützt generieren. In dem Simulationssystem wird das RC-Programm einer "Off-line-Kontrolle" unterzogen. Somit ist gewährleistet, daß der Roboter bei der Programmausführung alle Positionen kollisionsfrei erreicht.

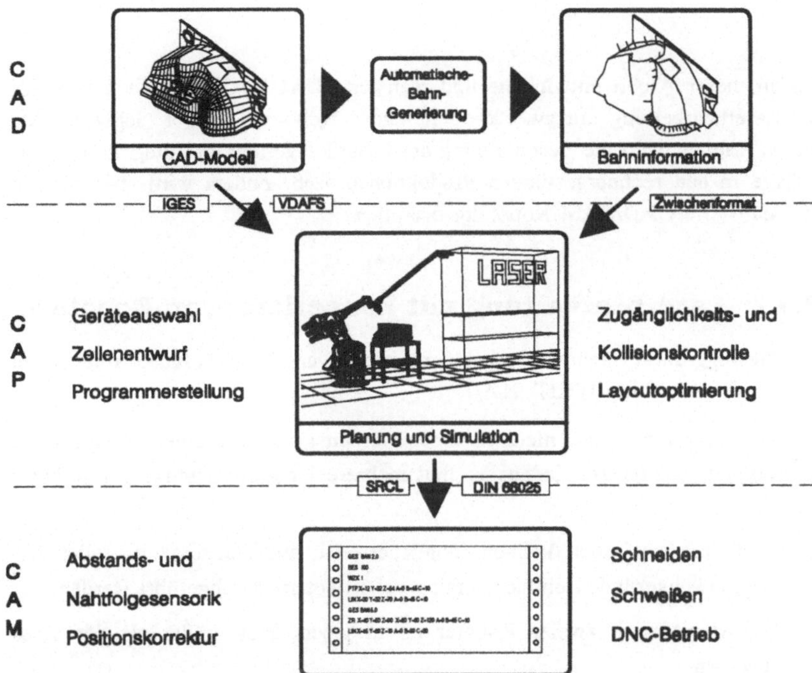

Bild 6-36:   Realisierte CAD/CAM-Kopplung

Nach erfolgreicher Simulation werden die Programme an die Robotersteuerungen übertragen. Dazu wurden die beiden zur Verfügung stehenden Laseranlagen in die CIM-Modellfabrik des iwb integriert und informationstechnisch in die übergeordneten Ebenen der Konstruktion und Arbeitsvorbereitung eingebunden.

Um die Programme direkt ausführen zu können, ist die Integration von einem Abstands- und einem Bahnfolgesensorsystem durchgeführt worden. Damit kann ein breites Spektrum der möglichen 3D-Applikationen zum Schneiden und Schweißen abgedeckt werden.

7   Einsatzbeispiel

Die in dieser Arbeit entwickelte und realisierte CAD/CAM-Kopplung wird für
die Laserbearbeitung mit zwei kooperierenden Robotern erprobt. Schwerpunkte
dieses Kapitels sind die Beschreibung der Laseranlage und die Integration dieser
Anlage in den rechnergestützten Produktionsprozeß. Zudem wird abschließend
die realisierte CAD/CAM-Kopplung diskutiert.

7.1   Laserbearbeitung mit kooperierenden Robotern

Die Beweggründe, mehrere Roboter zusammen an einer Aufgabe arbeiten zu
lassen, sind vielfältig [PRIT 91A].

* Das Werkstück kann nicht in einem Arbeitsgang und einer Aufspannung
  komplett bearbeitet werden; es sind mehrere Umgreifvorgänge der Roboter
  nötig.

* Bearbeitungsaufgaben können möglicherweise aus Genauigkeits- oder Zugänglichkeitsgründen einfacher mit zwei Robotern durchgeführt werden.

* Der Arbeitsraum zweier Roboter ist in jedem Fall größer als der eines
  einzelnen.

* Wenn ein Roboter ganz oder teilweise ausgefallen ist, kann der andere aus-
  helfen oder ihn ganz ersetzen.

Ausgehend von diesen Überlegungen wird im Rahmen der zugrundeliegenden
Arbeit eine Nd:YAG-Laserzelle konzipiert und im Versuchsfeld des iwb aufgebaut
(vgl. Bild 6-3). Ziel ist es, bei Gewährleistung aller Schutzanforderungen, die
das Arbeiten mit Nd:YAG-Lasern stellt, einen hohen Automatisierungsgrad zu
erreichen, ohne in der Flexibilität des Verfahrens oder des Werkstückspektrums
eingeschränkt zu sein. Im Bereich der hier ausgeführten Laserbearbeitung sollen
die Vorteile des flexiblen Lasereinsatzes mit der Möglichkeit der Spannmittel-
minimierung, Zugänglichkeitsverbesserung und besseren Auslastung des teuren
Werkzeugs Laser kombiniert werden. Innerhalb des eigentlichen Schutzbereiches
befinden sich zwei Knickarmroboter in Tandemanordnung, die überlappende
Arbeitsbereiche aufweisen und kooperierend arbeiten können. Diese Anordnung
wird gewählt, um ohne Umrüstung wahlweise eine Werkzeug- oder Werkstück-
bewegung oder eine Kombination beider durchführen zu können. Ein zweiter

Roboter zusätzlich zum bearbeitenden bietet darüber hinaus verbesserte Möglichkeiten zur Werkstückbeschickung. Teile, die aus einer vorhergehenden Fertigungsstufe in ungünstiger Lage palettiert sind, können innerhalb der Zelle umgeordnet werden. Der Materialtransport erfolgt über ein fahrerloses Transportsystem (FTS). Zur Identifikation und Lageerkennung der Werkstücke ist ein am iwb entwickelter Lasersensor in die Zelle integriert [KARS 90].

Als Strahlquelle dient ein 500 W Nd:YAG-Slab-Festkörperlaser [GARN 92A]. In der Zellenmitte ist ein Greiferbahnhof für vier Bearbeitungswerkzeuge angebracht. Damit die Flexibilität der Zelle gewahrt bleibt, kann jeder Roboter jeden Greifer aufnehmen. Die Laserstrahlung wird über flexible Quarzglas-Lichtwellenleiter an den Wirkort geführt, wo der Strahl über ein Linsensystem im Bearbeitungskopf fokussiert wird. Die gesamte Zelle ist aus Sicherheitsgründen hermetisch abgeschirmt und abgedeckt. Die Beobachtung durch den Bediener kann jedoch durch 8 Spezialfenster erfolgen. Die Komponenten der Laserroboterzelle sind informationstechnisch miteinander verbunden. Damit ist eine direkte Kommunikation zwischen den Industrierobotern, den Laser- und Sensorsteuerungen möglich. Auf Produktionsebene sind die IR-Steuerungen über den Zellenrechner logisch verknüpft und ansteuerbar (vgl. Abschnitt 6.6).

Mit der oben beschriebenen flexiblen Bearbeitungszelle wird an einem Tiefziehbauteil die Bearbeitung mit zwei kooperierenden Robotern erprobt. Es soll dabei verdeutlicht werden, daß die realisierte CAD/CAM-Kopplung auch für komplexere Anlagen und Applikationen einsetzbar ist.

7.2 Programmerstellung und grafische Simulation

Die Roboterprogramme werden entsprechend der in Kapitel 6 beschriebenen Vorgehensweise rechnergestützt erzeugt.

Das Werkstück wird auf einem Digitalisierungsgerät vermessen und in Form einer Punktewolke gespeichert. Aus diesen digitalisierten Punkten wird innerhalb des eingesetzten CAD-Systems ein Freiformflächenmodell erstellt. Bild 7-1 zeigt die digitalisierten Punktewolken und das daraus generierte CAD-Freiformflächenmodell des Tiefziehteils. Bei dem Tiefziehbauteil handelt es sich um ein von [THYS 90] entwickeltes und hergestelltes Modellbauteil, eine L-förmige Halbschale, an dem verschiedene Schneid- und Schweißapplikationen durchführbar sind.

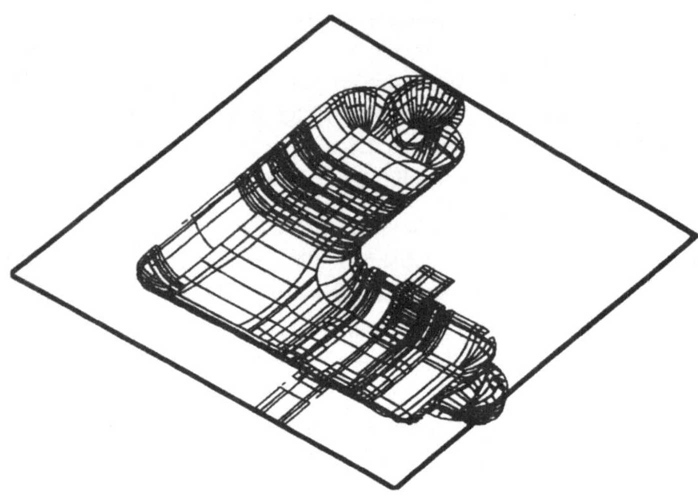

Bild 7-1:   Aus digitalisierten Daten generiertes Werkstückmodell

Im Rahmen dieser Untersuchung wird das RC-Programm für das Besäumen des Bauteils rechnergestützt erstellt. Die Bestimmung der Bearbeitungskontur erfolgt anhand des Fertigteilmodells. Ausgehend von dieser wird die Bahninformation automatisch generiert (vgl. Bild 7-2).

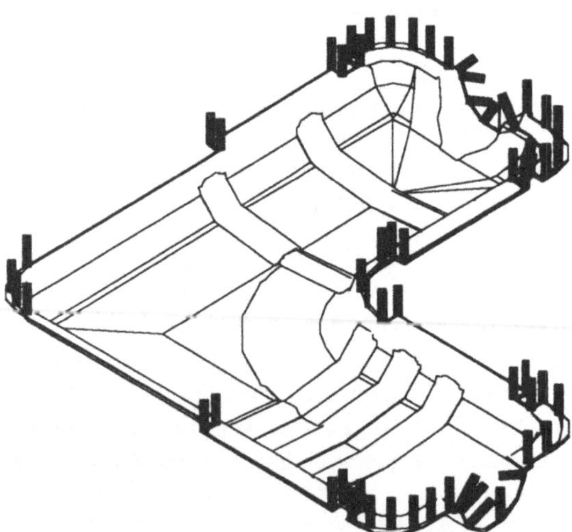

Bild 7-2:   Freiformflächenmodell mit Bahninformation

Die verschiedenen Prozeßparameter mußten an die Geometrie der zu bearbeitenden Kontur angepaßt werden. Hierzu wurde das entwickelte Technologiemodul
eingesetzt. Die notwendigen Technologiedaten werden aus der Technologiedatenbank (vgl. Abschnitt 5.3) abgerufen. Dabei ist der Bearbeitungsfall durch Materialart und Blechdicke festgelegt. Ausgehend von den Technologiedaten kann als
Qualitätsmerkmal für die Schnittkante die Rauhtiefe berechnet werden. Diese ist
abhängig von dem Fokusdurchmesser, der Bearbeitungsgeschwindigkeit sowie
der gewählten Pulsfrequenz.

Aus diesen Informationen wird die Bearbeitungsinformation erzeugt. Der Postprozessor erzeugt daraus die RC-Programme für die beiden Roboter. Im Simulationssystem USIS wird der gesamte Programmablauf hinsichtlich Kollision und
Zugänglichkeit überprüft.

Zudem wird der Bewegungsablauf im Simulationssystem noch optimiert (vgl.
Bild 7-3). Dies ist notwendig, weil die abgeschnittenen Bauteile frei nach unten
wegfallen müssen, damit sie nicht in der Roboterhand oder auf anderen Peripheriegeräten liegen bleiben. Außerdem sollen die Roboter während der Bearbeitung
möglichst wenig Reversierbewegungen der Achsen enthalten, da es an diesen
Stellen zu Bahnführungsfehlern kommt. In der Simulation wird deutlich, daß
dies erreicht werden kann, wenn wechselweise der werkstück- oder der werkzeughandhabenden Roboter die Vorschubbewegung ausführt.

Bild 7-3:   **Simulation der kooperierenden Bearbeitung**

Die Programmierung des Zellenablaufs geschieht rechnergestützt mit Hilfe eines graphischen Flußdiagrammeditors [RAIT 93]. Um das Zellenprogramm auf etwaige Fehler hin zu prüfen, steht dem Programmierer hierfür die Nachbildung der realen Zelle im Roboter-Simulationssystem zur Verfügung (vgl. Bild 6-14). Sämtliche Einzelkomponenten sind wie in der realen Anlage über MAP in das CAM-System integriert. Somit können neben den Roboterprogrammen auch der gesamte Zellenablauf erprobt werden. Erst die optimierten und getesteten Programme und Abläufe werden dem Zellenrechner zur Abarbeitung übergeben.

7.3   Programmausführung

Von besonderer Wichtigkeit ist die Übereinstimmung des Simulationsmodells mit der realen Zelle. Um eine weitgehende Übereinstimmung der rechnergestützt erstellten Roboterprogramme zu gewährleisten, werden Positionskorrekturen vorgenommen. Zu diesem Zweck und zum Ausgleich der Toleranzen während der Bearbeitung wird das in Abschnitt 6.7.2 beschriebene kapazitive Sensorsystem mit Zusatzachse eingesetzt.

Bild 7-4 zeigt das Besäumen eines Tiefziehbauteils. Der werkstückhandhabende Roboter bringt das Bauteil in eine günstige Position. der werkzeughandhabende führt das Schneidwerkzeug entlang der zu schneidenden Kontur. Der werkstückführende Roboter führt mehrmals eine Umorientierung durch, um den freien Fall

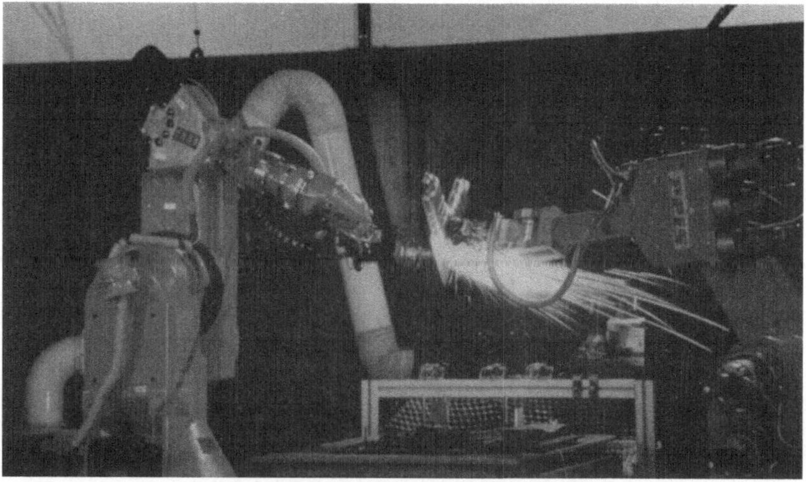

Bild 7-4:   Besäumen eines Tiefziehteils in kooperierender Bearbeitung

des Schnittabfalls zu gewährleisten. Auch die kinematische Umkehr wurde an diesem Bauteil realisiert. Während der Bearbeitung kommt der werkzeugführende Roboter in die Nähe der Achsbegrenzungen. Aus diesem Grund hat es sich als vorteilhaft erwiesen, daß an diesen Stellen der werkstückhandhabende Roboter das Bauteil unter dem feststehenden Laserstrahl führt. Diese kinematische Umkehr findet während der Bearbeitung statt und hat keinen negativen Einfluß auf die Bearbeitungsqualität.

7.4   Diskussion

Am Beispiel der beschriebenen Zelle wurde dargestellt, wie der Laser als Werkzeug in die rechnerintegrierte Produktion eingebunden werden kann. Durch den Einsatz von zwei Robotern in dieser Zelle läßt sich die Flexibilität, die der Laser als Werkzeug bietet, voll nutzen. Ziel der Arbeit war es, eine CAD/CAM-Kopplung zu konzipieren und zu realisieren, die einen durchgängigen Informations- und Datenfluß von der Geometrieerstellung bis hin zur Programmausführung ermöglicht. Dies konnte im Rahmen der Realisierung und anhand des Einsatzbeispiels vollständig aufgezeigt werden.

Das zugrundeliegende Konzept dieser CAD/CAM-Kopplung basiert auf dem Prinzip der Verfahrenskette zur Kopplung der Teilsysteme aus Konstruktion, Arbeitsplanung und Fertigung. Hierbei werden Daten sowohl aus der Konstruktion als auch aus der Arbeitsplanung und Fertigung genutzt.

Dabei kann die Übertragung der Geometriedaten und der RC-Programme zwischen den beteiligten Teilsystemen über Standardschnittstellen erfolgen. Zur Speicherung der Bahn- und Bearbeitungsinformation wurde im Rahmen dieser Arbeit ein maschinenneutrales Format konzipiert, weil die vorhandenen Standardformate nicht alle Anforderungen der 6-Achs-Laserbearbeitung mit Robotern erfüllen. Dieses neutrale Zwischenformat wird für die Kopplung von Geometrie und Technologie sowie für Programmerstellung innerhalb des Simulationssystems eingesetzt.

Der Anwender hat vielfältige Möglichkeiten, um in die verschiedenen Teilschritte der Bahnplanung, Technologiekopplung und Programmerstellung interaktiv einzugreifen. Besonders bei komplexen Bearbeitungsaufgaben kann er seine Erfahrungen voll einbringen und diese somit für eine Steigerung der Produktqualität nutzbar machen. Allerdings kann der Planer auch Fehler übersehen bzw. neue Fehler erzeugen. Daher erfolgt im Rahmen der Bewegungssimulation eine visuelle Kollisions- und Zugänglichkeitsuntersuchung, um nur geprüfte und fehlerfreie Programme an die Robotersteuerung zu übertragen. Besonders bei kooperierenden Robotern und Robotern mit gekoppelter Kinematik ist die Simulation des Bearbeitungsablaufes zwingend notwendig, weil ein Einfahren an der Anlage mit einem hohen Kollisionsrisiko und Zeitaufwand verbunden ist.

Die im Rahmen der Arbeit eingesetzten Laseranlagen sind im Simulationssystem als Modelle abgebildet. Das Simulationsmodell enthält neben der geometrischen auch die kinematische Beschreibung der eingesetzten Roboter. Dadurch kann der gesamte Programmablauf nahezu realitätsgetreu getestet werden. Die Modelle berücksichtigen jedoch nicht die Roboterungenauigkeiten, so daß bei der Programmerstellung die Abweichungen nicht einbezogen werden können.

Den Genauigkeitsproblemen wird durch den Einsatz von Sensorik begegnet. Diese ermöglichen eine direkte Programmausführung ohne Nachprogrammieren des Bearbeitungsablaufes. Einschränkungen ergeben sich jedoch aufgrund der begrenzten Meßbereiche und der mangelnden Echtzeitfähigkeit. Die Bearbeitung von komplexen räumlichen Bauteilen mit kleinen Radien ist nur mit verminderter Vorschubgeschwindigkeit möglich. Dennoch reduzieren sie in den meisten Fällen den Spann- und Einfahraufwand, weil sie die Erfassung und Korrektur der auftretenden Abweichungen und Ungenauigkeiten ermöglichen.

Die CAD/CAM-Kopplung hat im Laborbetrieb auch den erhöhten Anforderungen der kooperierenden Laserbearbeitung standgehalten. Die konzipierten und realisierten Funktionen, Module und Integrationsstrategien sollten somit auch den meisten Anforderungen der industriell eingesetzten 3D-Laseranlagen genügen.

8   Zusammenfassung und Ausblick

Während sich der Laser für zweidimensionale Anwendungen bereits als gleich-
wertige Alternative zu konventionellen Bearbeitungsverfahren etabliert hat, stehen
der räumlichen Laserbearbeitung noch einige Hemmnisse entgegen. Diese sind
neben den hohen Investitionskosten, die geringen Hauptnutzungszeiten aufgrund
hoher Programmierzeiten (Teach-In-Verfahren), fehlendes Prozeßwissen, die hohen Genauigkeitsanforderungen und die mangelnde Integration der Anlagen in
den informationstechnischen Datenfluß. Die vorliegende Arbeit liefert einen me-
thodischen Ansatz und rechnergestützte Hilfsmittel zur Überwindung dieser
Hemmnisse.

Ausgehend von einer Situationsanalyse wurden die Anforderungen an ein
CAD/CAM-System für die räumliche Laserbearbeitung definiert. Auf Basis des
Anforderungsprofiles wurde ein Gesamtkonzept erarbeitet, das eine Datendurchgängigkeit im Sinne von CAD/CAM ermöglicht. Von besonderer Bedeutung
waren hierbei zwei Zielrichtungen: Zum einen die Entwicklung eines Off-line-
Programmierverfahrens um die Stillstandszeiten der kostenintensiven Laseranlagen zu reduzieren, wobei das Hauptaugenmerk auf der Verbindung der RC-Pro-
grammierung mit dem Konstruktionsbereich liegt. Zum anderen die Übertragung
und Ausführung der RC-Programme, die aufgrund der besonderen Anforderungen,
die die Lasermaterialbearbeitung an die Positionier- und Bahngenauigkeit der
Führungsmaschine stellt, die Integration der Informationsverarbeitung und der
Sensorik zwingend erfordert. Dadurch wird es möglich, die Off-line erstellten
Programme ohne Nachprogrammieren direkt ausführen zu können. Von großer
Bedeutung ist hierbei die Anbindung der Sensorsysteme an die Robotersteuerun-
gen sowie die Kenntnis der Einsatzmöglichkeiten und Grenzen.

Aufbauend auf diesen Überlegungen wurde unter Berücksichtigung der vorhandenen Hard- und Softwarevoraussetzung eine simulationsgestützte CAD/CAM-
Kopplung realisiert. Dabei wird ausgehend von einem CAD-Modell das RC-Programm rechnergestützt erstellt und sensorgestützt ausgeführt. Das Konzept basiert
auf dem Prinzip der Verfahrenskette zur Kopplung der Teilsysteme aus Konstruktion, Arbeitsplanung und Fertigung. Daten werden in einem Teilsystem
erzeugt und über Schnittstellen den anderen Teilsystemen zur Verfügung gestellt.
Dabei wird die Redundanz von Daten soweit wie möglich vermieden.

Ausgehend vom CAD-Modell und der zu bearbeitenden Kontur wird innerhalb eines CAD-Systems die Bahninformation unter Berücksichtigung von Bahnplanungsstrategien generiert. Die entwickelten Bahnplanungsstrategien sind von der Werkstückgeometrie, von den Handhabungs- und Lasersystemen sowie von den eingesetzten Sensoren abhängig.

Ein eigens konzipierter Technologieprozessor ermöglicht zusätzlich die Verknüpfung der Geometrie- und Technologiedaten zu einer Bearbeitungsinformation, die alle Anweisungen für das RC-Programm enthält. Die Umsetzung der Bearbeitungsinformation in ein steuerungsspezifisches RC-Programm geschieht im Simulationssystem (CAP-Ebene) durch einen Postprozessor.

Die Überprüfung der Bearbeitungsprogramme erfolgt anschließend im Simulationssystem, das entsprechend den Anforderungen der Lasertechnik erweitert wurde. Die auf Zugänglichkeit und Kollision getesteten Programme werden an die Zellensteuerung (CAM-Ebene) oder direkt an die RC-Steuerung übertragen. Die direkte Ausführung der Programme ist durch den Einsatz der entsprechenden Sensorik möglich.

Die CAD/CAM-Kopplung wurde am Beispiel zweier Roboter-Laseranlagen realisiert und untersucht. Sie entspricht den Anforderungen, die aus der sechs-achsigen Bearbeitung und der Anbindung der Sensorik an die Robotersteuerungen resultieren. Die Umsetzung und Untersuchung der Sensorintegration erfolgte deshalb mit ausgewählten Sensorsystemen für das Laserschneiden und -schweißen. Es konnte dabei nachgewiesen werden, daß die bei der Off-line-Programmierung auftretenden Ungenauigkeiten und Abweichungen durch den Einsatz von Sensorsystemen ausgeglichen werden können. Dadurch wurde das Gesamtkonzept einer durchgängigen CAD/CAM-Kopplung verifiziert.

Zusammenfassend kann festgehalten werden, daß mit den im Rahmen der vorliegenden Arbeit eingesetzten und weiterentwickelten Methoden und Hilfsmitteln die Grundlagen für die Einbindung des Lasers in die rechnergestützte Fabrik geschaffen wurden. Durch den Einsatz einer CAD/CAM-Kopplung kann die Wirtschaftlichkeit von Laseranlagen aufgrund der Reduzierung des Programmieraufwandes an den Anlagen selbst erhöht werden. Die Entwicklung ist jedoch noch keinesfalls abgeschlossen. In Zukunft sind noch eine Vielzahl von organisatorischen, technischen und personellen Problemen zu lösen, damit der Laser nicht mehr nur als Einzelmaschine, sondern als vernetzter Systembaustein in automatisierten Produktionssytemen eine breite Akzeptanz findet. Der hier aufgezeigte Stand kann als Basis für weitere Forschungsarbeiten genutzt werden.

In einem ersten Schritt bietet sich an, in den CAD/CAM-Prozeß die Qualitätssicherung zu integrieren. Es sollte angestrebt werden, Qualitätsdaten und Erfahrungen aus der Fertigung für die Konstruktion und Arbeitsplanung rückführend zu nutzen, um eine Verbesserung der Produktqualität zu erreichen. Denkbar ist hier der Einsatz von Expertensystemen, die den Anwender durch Entwurfsregeln unterstützen. Dadurch ließe sich der Aufwand für die Bahnplanung und Technologiekopplung noch weiter reduzieren.

Für die Programmerstellung und -simulation ist das Simulationsmodell der eingesetzten Roboter und der zugehörigen Steuerung von besonderer Bedeutung. Durch eine weitere Verfeinerung der Simulationsmodelle könnten bereits bei der Programmerstellung roboterspezifische Eigenheiten erfaßt und berücksichtigt werden. Dies beinhaltet die Einbeziehung der Roboterdynamik, um die in der Realität auftretenden physikalischen Effekte wie Gravitation oder Trägheitskräfte zu berücksichtigen. Denkbar ist auch eine rechnergestützte Optimierung der Bearbeitungslage und des Bearbeitungsablaufes, um beispielsweise den Reversierbetrieb oder hohe Winkelgeschwindigkeiten einzelner Achsen zu vermeiden. Dadurch könnten die Ungenauigkeiten und somit auch der Aufwand für den Sensoreinsatz bei der Programmausführung reduziert werden.

In einem weiteren Entwicklungsschritt könnte die entwickelte CAD/CAM-Kopplung um Schnittstellen zum Austausch von Daten mit den organisatorischen bzw. dispositiven Unternehmensbereichen erweitert werden (vgl. Bild 1-3). Beispielsweise könnten im Anschluß an die RC-Programmerstellung Bearbeitungsabläufe und zugeordnete Bearbeitungsanlagen, ermittelte Vorgabezeiten sowie zum Einsatz kommende Werkzeuge und Spannvorrichtungen für die Erfüllung der Termin- und Kapazitätsplanungsaufgaben an PPS- bzw. Werkstattleitsysteme übergeben werden.

9   Literaturverzeichnis

[ABEL 90]   Abeln O.: Die CA-Techniken in der industriellen Praxis, Carl Hanser Verlag München, Wien 1990.

[ARET 90]   Aretz R.M.: 3D-Digitalisierung von Freiformflächen mit Laser, VDI-Z 132 (1990), S. 49-52.

[ARET 91]   Aretz R.M.: Entwicklung eines werkstattorientierten CAD/CAM-Systems für die Freiformflächenfertigung, Dissertation Dortmund, 1991.

[BART 83]   Barton, Koschlig, Bergmann: Werkstofftechnische Aspekte des Laserschneidens, Werkstofftechnik 14, (1983), S. 257-263.

[BAYS 92]   Baysore J.K.: Vorfertigung ganz anderer Art, Laser Ausgabe 6, Dezember 1992.

[BECK 89]   Beck M., Dausinger F., Hügel H.: Modell zur Beschreibung der Energieeinkopplung von CO_2-Laserstrahlung beim Tiefschweißen, W. Waidelich (Hrsg.), 'Laser: Optoelektronik in der Technik', Springer Verlag 1989.

[BELL 90]   Bellm H., Gillig E., Wurll P.: Optisches Multisensor - System für die industrielle 3D-Werkstückerkennung, Technisches Messen tm 57, (1990), R. Oldenbourg Verlag, S. 235-240.

[BERG 83]   Bergmann H.W.: Theoretische Überlegungen zum Erstarrungsverhalten schnell abgeschreckter Schmelzen, Zeitschrift für Werkstofftechnik Nr.14, (1983), S. 264-271.

[BESK 89]   Beske E.U.: Handhabung einer Lichtleiterfaser zum Führen eines Nd:YAG-Laserstrahls, Laser und Optoelektronik 3, (1989), S. 60-61.

[BESK 92]   Beske E.U.: Untersuchungen zum Schweißen mit kW Nd:YAG-Laserstrahlung, Dissertation Universität Hannover, 1992.

[BEYE 92]   Beyer E.: Lasereinsatz in der Produktion: "Chancen für die Entwicklung und Anwendung", European Laser Marketplace '92, Einladung zum Dialog, Highlander Congress + PR, 1992.

[BEZI 86]   Bezier P.: The mathematical basis of the Unisurf CAD-System, Butterworth & Co. (Publishers) ltd, 1986.

[BIER 91]   Biermann S.: Untersuchungen zur Anlagen- und Prozediagnostik für das Schneiden mit CO_2-Hochleistungslasern, Dissertation Fertigungstechnik Erlangen, Carl Hanser Verlag, München 1991.

[BÖND 92]   Böndel B.: Lasertechniken strahlen um die Wette, VDI Nachrichten 31 Nr. 40, 2.10.92.

[BRON 81]   Bronstein I.N., Semendjajev K.A.: Taschenbuch der Mathematik, Verlag Harri Deutsch, Thun und Frankfurt, 1981.

[CLDA 82]   CLDATA-Nebenteile des Satztyps 2000, DIN 66215 Teil 2, Deutsche Norm, 1982.

[DILL 88]   Dillmann R., Schneider S.: Ein CAD-unterstützter Trajektorien-Entwurfseditor, Robotersysteme 4, Springer Verlag 1988, S. 161-171.

[DIN 66025] DIN 66025: Programmaufbau numerisch gesteuerter Arbeitsmaschinen T1 Allgemeines, T2 Wegbedingungen und Zusatzfunktionen.

[DIN 18730] Din 18730: Grundbegriffe der Lasertechnologie, Laser- und Laseranlagen, Januar 1991.

[DOBE 90]   Dobeneck D. Frhr. v.: Investieren oder fertigen lassen, Pro-beam, Management Information Center, Laser Forum 3, Hannover 4.5.1990.

[DREW 89]   Drews P., Zunker L.: Echtzeit-Bahnplanung eines Roboters unter Sensoreinsatz, Robotersysteme 5, Springer Verlag 1989, S. 213-218

[DREW 91]   Drews P., Buchmann R.: Sensorsystem mit gekreuztem Lichtschnittverfahren, Robotersysteme 7, Springer Verlag 1991, S. 79-84.

[DVS 89]   Lasertechnologie in der Schweißtechnik, (Hrsg.) Deutscher Verband für Schweißtechnik e.V., DVS-Verlag, Düsseldorf 1989.

[EGET 90]   Egetenmeier A., Kram R.: Sensorfunktionen - Schlüssel zu komplexen Roboteranwendungen, wt Werkstattechnik Nr. 80 (1990), S. 37-40.

[ENG 87]   Eng P., Testi F., M.S.E.: DNC-Steuerung zur Automatisierung der Fertigung, Werkstatt und Betrieb 120, Carl Hanser Verlag, München 1987, S. 817-822.

[EVER 89]   Eversheim W., Dahl B., Spenrath K.: CAD/CAM Einführung, Leitfaden mit Arbeitsmitteln für den Maschinenbau, Verlag TÜV Rheinland, 1989.

[EVER 90]   Eversheim W., Luszek G.: Stand und Entwicklungstendenzen der Programmierung von Robotern zum Lichtbogenschweißen, Schweißen und Schneiden 42 (1990).

[EVER 92]   Eversheim W.: Lasergerechte Konstruktion und Fertigung, Stand der Technik und Potentiale, VDI Verlag GmbH, Düsseldorf 1992.

[EXPE 92]   Expertise zur entwicklungsbegleitenden Normung im Verbundpro-
             jekt "3D-Bearbeitung mit CO_2-Hochleistungslasern", gefördert
             vom Bundesminister für Forschung und Technologie (BMFT),
             Bonn 1992.

[GARN 89A]   Garnich F.: Roboter führt Laserstrahl, Fertigung 6 (1989).

[GARN 89B]   Garnich F.: Parameter aus der Datenbank, LASER-Markt (1989).

[GARN 90A]   Garnich F., Schwarz H.: Laserschweißen wird einfacher, Produk-
             tion Nr. 18, 3.5.90, S. 14-15.

[GARN 91A]   Garnich F., Schwarz H., Schäffer G.: Laserroboter mit MAP-An-
             schluß, Produktion Nr. 5, 31.1.91.

[GARN 91B]   Garnich F., Schwarz H.: Strahlende Helfer zum Schweißen und
             Schneiden, Automobil professional 2/91, PR&Marketing Verlag,
             S. 8-12.

[GARN 92A]   Garnich F., Schwarz H., Trunzer W.: Ein Jahr Erfahrung mit dem
             Slab, Produktion 16, 16.4.92, S. 22-23.

[GARN 92B]   Garnich F.: Laserbearbeitung mit Robotern, iwb Forschungsberich-
             te 50, Springer Verlag, Berlin 1992.

[GEBH 91]   Gebhard M.: Untersuchungen zur Prozeßüberwachung beim CO_2-
             Laserstrahlschweißen von verzinkten und unbeschichteten Blechen
             im Überlappstoß, Dissertation TU München, 1991.

[GEHR 90]   Gehring V., Becker M., Camacho J.H.: Entwicklungstendenzen im
             Werkzeug- und Formenbau, die CAD/CAM-Praxis hat die eupho-
             rischen Erwartungen bisher nicht erfüllt - Ergebnisse einer Um-
             frage, Brennpunkt, VDI-Z 132 Nr. 8, August 1990, S. 12-16.

[GEIG 92]   Geiger M., Hoffmann P., Deinzer G.: Laser Applications in the
             Automotive Industry, Proc. Int. Conf. Laser Applications in The
             Automotive Industries, Florenz (It.) 1.-5. Juni 1992, S. 69-83.

[GILL 90]   Giller P., Hadamik L.: Bezahlbarer Laser-Roboter, Laseranwen-
             dung im 3D-Bereich für Prototypen-Fertigung, Laser-Roboter, Ro-
             boter September 1990.

[GLAS 93]   Glas J.: Standardisierter Aufbau anwendungsspezifischer Zellen-
             rechnersoftware, Dissertation TU München, 1993.

[GONS 90A]   Gonschior M.: CAD/CAM für die Lasermaterialbearbeitung, Tech-
             nica 9, (1990), S. 46-49.

[GONS 90B]   Gonschior M., Kader R.: Problemlos anpassen, NC-Programmie-
             rung für die Metallbearbeitung mit Laser, Industrie-Anzeiger 41,
             (1990), S. 90-91.

[GRAB 91] Grabowski H., Schäfer H., Krzepinski A.: Systematische Planung von CAD/CAM-Verfahrensketten, VDI-Z 133 Nr. 10, 1991.

[GRÄT 89] Grätz J.F.: Handbuch der 3D-CAD-Technik, Verlag: Siemens Aktiengesellschaft, Berlin und München 1989.

[GROH 88] Groha A.: Universelles Zellenrechnerkonzept für flexible Fertigungssysteme, iwb Forschungsberichte Nr. 14, Springer Verlag, Berlin 1988.

[HABE 92] Habenicht G., Wanke R., Gebhard M.: Prozeßüberwachtes Laserschweißen überlappender Tiefziehbleche, Bänder Bleche Rohre, 6-1992.

[HADA 90] Hadamik L., Plester J.: CAD/CAM - kontrolliertes CO_2-Laserschneiden, In: Laser-Materialbearbeitung für den Automobilbau Bd 2, (1990), S. 54-64.

[HAFE 89] Haferkamp H., Benecke R., Kinzel A.: Datenbank erfaßt Laserstrahlschweißungen, In: Laser Magazin Nr. 4 (1989), S. 30-34.

[HAFE 91] Haferkamp H., Benecke R.: Laserschweißen "um die Ecke", Lasertechnik, Blech Rohre Profile 38, (1991), S. 304-307.

[HEEK 91] Heekenjann P., Emmelmann C.: Lasereinführung im Unternehmen erfordert neue Ansätze, Blech Rohre Profile 38, (1991), S. 869-874.

[HERK 91] Herkommer T.F., Roth J.M., Walter S.E.: Off-Line-Programmieren - Geschichte und aktueller Stand, rechnerunterstützte Konstruktion und Planung, ZwF 86, Carl Hanser Verlag, München 1991, S. 392-396.

[HERZ 83] Herziger G.: Werkstoffbearbeitung mit Laserstrahlung, Teil 1 Grundlagen und Probleme, (1983), Feinwerk- und Meßtechnik 91, S. 156-162.

[HERZ 92] Herziger G.: Anwendungen und Perspektiven in der Lasertechnik, Technika 6/92, S. 14-24.

[HILP 89] Hilpert, Kreidler: Steuerungen von Laserschneidmaschinen, ZwF 84 (1989), S. 28-32.

[HOFF 92] Hoffmann M.: Entwicklung einer CAD/CAM-Prozeßkette für die Herstellung von Blechbiegeteilen, Carl Hanser Verlag München, Wien, 1992.

[HOFF 92A] Hoffmann P.: Verfahrensfolge Laserstrahlschneiden und- schweißen, Dissertation Fertigungstechnik Erlangen, Carl Hanser Verlag, München 1992.

[HÜGE 92] Hügel H.: Strahlwerkzeug Laser, Stuttgart, Teubner Verlag, 1992.

[IFFL 90]   Iffländer R.: Festkörperlaser zur Materialbearbeitung, Springer Verlag, Berlin, Heidelberg 1990.

[IRDA 87]   IRDATA - Allgemeiner Aufbau, Satztypen und Übertragung, VDI-Richtlinie 2863, 1987.

[JAGI 91]   Jagiella M., Biermann S., Spörl G., Topkaya A.: Sensorik setzt neue Maßstäbe, Sonderdruck aus Laser 5/91.

[KAPL 91]   Kaplan A.: Vereinfachtes Modell zur Beschreibung des Laser-Tiefschweißens, Laser und Optoelektronik, 10. Int. Kongreß München 1991.

[KARS 90]   Karstedt K.: Positionsbestimmung von Objekten in der Montage- und Fertigungsautomatisierung, iwb Forschungsberichte Nr. 22, 1990.

[KOEP 91]   Koepfer Th.: 3D-grafisch-interaktive Arbeitsplanung - ein Ansatz zur Aufhebung der Arbeitsteilung, iwb Forschungsberichte 40, Springer Verlag, Berlin 1991.

[KÖNI 90]   König W., Krauhausen, Trappmann, Willerscheid: Lasermaterialbearbeitung - Systemlösungen für die Produktionstechnologie, Laser und Optoelektronik Nr. 22, (1990), S. 54-60.

[KUNT 88]   Kuntze H.B., Jacubasch A., Franke H., Moser M., Salaba M., Becker P.J.: Sensorgestützte Programmierung und Steuerung von Industrierobotern, Robotersysteme 4, (1988), S. 43-52.

[LEVI 87]   Levi P., Vajta L.: Sensoren für Roboter, Robotersysteme 3, Springer Verlag 1987, S. 1-15.

[LIND 92]   Lindl H., Schwarz H., Garnich F., Trunzer W.: Flexibly Automated Laser Cell for Welding and Cutting, Proc. Int. Conf. Laser Applications in The Automotive Industries, Florenz (It.) 1.-5. Juni 1992.

[MEYE 91]   Meyer B.E.: Europa nutzt die Lasertechnologie, Laser-Praxis, Carl Hanser Verlag, München Oktober 1991.

[MILB 90A]   Milberg J., Garnich F., Schwarz H.: CAD/CAM-Kopplung - Offline-Programmierverfahren für die 3D-Laserbearbeitung, Laser, März 1990, S. 32-35.

[MILB 90B]   Milberg J., Garnich F., Schwarz H.: Laserbearbeitung mit Industrierobotern, Tagungsband zum Koll. "3D-Bearbeiten mit CO_2-Hochleistungslasern", LFT, Erlangen November 1990.

[MILB 90C]   Milberg J., Garnich F., Schwarz H.: Voraussetzung für den Durchbruch - Offline-Programmierung eines 3D-Laser-Roboters, Produktion Nr. 50, 13.12.90.

[MILB 91A]   Milberg J., Koepfer Th.: Zeitsparen in der Produktion - Schlüssel zum langfristigen Erfolg, SMM Nr 21, 22.5.1991.

[MILB 91B]   Milberg J., Schwarz H., Garnich F.: Laserprocessing with robots, Steel & Materials Technology Fachberichte, Metallurgie & Werkstofftechnik Volume 29 No. 3-4, Oktober 1991, S. 194-197.

[MILB 92A]   Milberg J., Schwarz H., Garnich F., Trunzer W.: CAD/CAM-Kopplung für die 3D-Laserstrahlbearbeitung in: Lasertechnik und Laserforschung, 3D-Bearbeitung mit CO_2-Hochleistungslasern, (Hrsg.) VDI-Technologiezentrum Physikalische Technologien, Mai 1992.

[MILB 92B]   Milberg J., Lindl H., Garnich F.: Schweißen mit dem CO_2-Laser, wt Nr. 5, (1992).

[MILB 92C]   Milberg J., Schwarz H., Garnich F.: Lasergerechte Konstruktion und Fertigung, in: (Hrsg.: Eversheim W.), Stand der Technik und Potentiale, VDI Verlag GmbH, Düsseldorf 1992.

[MILB 92D]   Milberg J. (Bd.- Hrsg.): Von CAD/CAM zu CIM, Springer Verlag, TÜV Rheinland, 1992.

[MILB 93]   Milberg J., Lindl H.: Technologieorientiertes Simulationsverfahren für das Laserstrahlschweißen von Überlappverbindungen, in: (Hrsg.: Geiger M. u. Hollmann F.), Strahl-Stoff-Wechselwirkung bei der Laserstrahlbearbeitung, Meisenbach Verlag Bamberg, 1993.

[MORG 92]   Morgental L., Petschke U., Gillner A., Beyer E.: Laserkosten beim Schweißen und Schneiden, Schriftum, 1992.

[MUSC 89]   Muschiol M.: CAD/CAM-System als Ausgangspunkt eines firmenspezifischen CIM-Konzepts, rechnerunterstützte Konstruktion und Planung, ZwF 84, Carl Hanser Verlag, München 1989, S. 150-154.

[NITS 91]   Nitsch H., Wolff U.: Laser-Strahlführungssysteme: Auswahl und Einsatzerfahrungen, Produktion Nr.23 und 29, 1991.

[OLAI 92]   Olainek C.: Nd:YAG-Laser und Roboter als Team, Laser Praxis, Carl Hanser Verlag, München 1992.

[OLDE 89]   Seampilot-Sensorsystem, Benutzerhandbuch und technische Schulung, Delft, Niederlande, 1989.

[PEIK 90]   Peiker S.: Entwicklung eines integrierten NC-Planungssystems, iwb Forschungsberichte 23, Springer Verlag, Berlin 1990.

[POTT 89]   Potthast A., von Zeppelin W.: CAD/NC-Kopplung für ein Werkstattprogrammiersystem, ZwF 84, Carl Hanser Verlag, München 1989, S. 487-490.

[PRIT 91A]   Pritschow G., Koch T.: Koordinierte Bahnführung zweier Roboter, Robotersysteme 7, Springer Verlag 1991, S. 133-138.

[PRIT 91B]   Pritschow G., Horn A.: Dynamik derzeitiger Sensorregelkreise für Industrieroboter, Robotersysteme 7, Springer Verlag 1991.

[QFOR 92]   N.N.: CAD Flächenrückführung Q-Form, Firmendruckschrift, MEC Maschinenbau Entwicklung Consulting, 1992.

[RAIT 93]   Raith P.: Maschinelle Programmierung und Simulation von Zellenabläufen in der Arbeitsvorbereitung, Dissertation TU München, 1993.

[REBE 91]   Rebentrost A.: Taktile, faseroptische und kapazitive Sensorik für Industrieroboter, Robot Handling Automation, ZwF 86, Carl Hanser Verlag, München 1991, S. 462-465.

[REMB 90]   Rembold U., Bien A., Fehrle L., Fischer H., Hormann K., König H.,Mally K., Rohmer K.: CAM-Handbuch, Springer Verlag, Berlin, Heidelberg 1990.

[RIPP 92]   Rippl R., Englhard A.: Schweißtechnische Untersuchungen von räumlich gekrümmten Bauteilen, Abschlußbericht der Fa. KUKA zum BMFT-Verbundprojekt "3D-Laserbearbeitung mit CO2-Hochleistungslasern", 1992.

[ROTH 86]   Rothe: Beitrag zur Optimierung des thermischen Schneidens mit CO_2-Hochleistungslasern, VDI Fortschritt-Berichte Reihe 2 Nr. 113: VDI-Verlag, Düsseldorf 1986.

[RUOF 89]   Ruoff: Optische Sensorsysteme zur On-line Führung von Industrierobotern, ISW Forschung und Praxis, Springer Verlag, Berlin 1989.

[RÜHL 87]   Rühl G., Heitz F., König K.D.: Grundlagen der CAD/CAM-Technologie Dr. Jochem Heizmann Verlag, Kösching, 1987.

[SCHÄ 91]   Schäffer G., Schwarz H., Garnich F.: Integration von Robotern in CIM-Systeme, in: Schmid D. (Hrsg.): Fortschrittliche Robotersteuerungstechnik, Springer Verlag, Berlin 1991.

[SCHER 91] Scherff B.: Spracheingabe zur Programmierung von Schweißrobotern, Springer Verlag, 1991.

[SCHL 91]   Schlüter P., Hemer, Düputell A.: Mit CAD und Bildverarbeitung zum präzisen Schnitt, Laser-Feinbearbeitung, Laser-Praxis, Beiblatt zu Hanser Fachzeitschriften, Carl Hanser Verlag, München Oktober 1991, S. 116-118.

[SCHM 89]   Schmid D.: Sensorführung von Robotern, Schriftenreihe "Praxis-Forum", 1989.

[SCHM 92A] Schmid D., Sichler K., Michalak E.: Sensorunterstützte Bahnprogrammierung beim Laserschweißen mit Robotern, Robotersysteme 8, Springer Verlag 1992, S. 21-24.

[SCHM 92B] Schmid D., Sichler K.: Abstandsregelung: Hochdynamische Strahlfokussierung mit neuem Sensorsystem, Laser Ausgabe 5, Oktober 1992.

[SCHR 89]   Schraft R.D., Hardock G., König M.: Leichter in der Roboterhand, Neues externes Strahlführungssystem für das Schneiden und Schweißen mit CO_2-Lasern, Laser in der Produktion, VDI-Z 131 Nr.6, Juni 1989, S. 84-91.

[SCHU 92]   Schunk: Konzeption von Lasersystemen für die Oberflächenbehandlung, Dissertation Aachen, VDI Verlag, 1992.

[SCHW 89]   Schwarz H., Garnich F.: Durchbruch in der Fertigungstechnik, Fertigung 10, 1989.

[SCHW 90A]   Schwarz H., Garnich F.: Laser führt Laser - Intelligenter Schweißnahtfolgesensor beschleunigt Laserstrahlschweißen, Roboter Nr. 5 (1990).

[SCHW 90B]   Schwarz H., Garnich F.: Laserrobotic for 3D- cutting and welding, International Congress on Optical Science and Engineering ECO 3, Den Haag 1990.

[SCHW 90C]   Schwarz H., Garnich F.: Laser führt Laserstrahl, Produktion Nr. 15, (1990), S. 1-2.

[SCHW 91A]   Schwarz H., Schuster G.: Simulation sensorgeführter Robotereinsätze, Fertigung, Februar 1991, S. 32-40.

[SCHW 91B]   Schwarz H., Schäffer G., Garnich F.: Schneidzelle mit Niveau, Roboter März (1991).

[SCHW 91D]   Schwarz H., Trunzer W., Garnich F.: Laserstrahlschweißen von Kehlnähten mit Sensoreinsatz, Laser und Optoelektronik, 10. Int. Kongreß München 1991.

[SCHW 91E]   Schwarz H., Garnich F.: Bearbeitungslaser in der Produktion, Die neue Fabrik, Sonderdruck zum Münchener Kolloquium '91, Verlag moderne Industrie.

[SCHW 92]   Schwarz H., Garnich F.: Schweiß- und Schneidtechnik: Laseranlagen - Damit es sich rechnet, Industrieanzeiger Nr. 15, 6.4.92, S. 31-33.

[SCHWE 88]   Schweiger L.: CAD-Begriffe, Korrigierter Nachdruck, Springer Verlag, Berlin, Heidelberg 1988.

[SPAL 87]   Spalding I.J., Selden A.C.: Multikilowatt CO_2-Lasers: Their Developement, Uses, Diagnostics and Flexible Application in: Waidelich W. (Hrsg.): Laser: Optoelektronik in der Technik, Vorträge des 9. Internationalen Kongresses, Laser 87, Springer Verlag.

[SPUR 88]   Spur G., Krause: CAD-Methoden zur technologischen Planung und Programmierung von Laserschneidanlagen, ZwF 83, (1988), S. 409-414.

[SPUR 90]   Spur G.: Datenformat mit Beschreibung der Parameter, Unterlagen
             zur Datenbasis nach dem F&E-Vorhaben 13N5667 im Verbund-
             projekt '3D-Bearbeitung mit CO_2-Hochleistungslasern', Institut für
             Werkzeugmaschinen und Fertigungstechnik, Technische Universi-
             tät Berlin, 1990.

[STEE 91]   Steen W.: Laser Material Processing, Springer Verlag, 1991.

[TAUB 90]   Tauber A.: Modellbildung kinematischer Strukturen als Kompo-
             nente der Montageplanung, iwb Forschungsberichte 30, Springer
             Verlag, Berlin 1990.

[THYS 90]   Thyssen Stahl AG.: Erarbeitung der Verfahrenstechnik zum drei-
             dimensionalen Laserstrahlschneiden und - schweißen unter Einsatz
             eines fünfachsigen, in offener Portalbauweise erstellten, kartesi-
             schen Roboters, 4. Zwischenbericht für das BMFT-F&E-Vorhaben
             13 N 5562, Duisburg 1990.

[TÖNS 90A]   Tönshoff H.K., Emmelmann C., Gonschior M.: Konturangepaßte
             NC- Programmierung für die Laserbearbeitung, VDI-Z 132,
             (1990), S. 43-46.

[TÖNS 90B]   Tönshoff H.K., Meyer-Kobbe C.: CO_2-Laserstrahlhärtungen mit
             verschiedenen Optiksystemen, Laser-Magazin Nr.4, (1990), S. 32-
             37.

[TREI 90]   Treiber H.: Der Laser in der industriellen Fertigungstechnik, Hop-
             penstedt Technik Tabellen Verlag, Darmstadt 1990.

[TRUN 91]   Trunzer W., Schwarz H., Garnich F.: CAD/CAM-Schiene konse-
             quent realisiert, Industrieanzeiger 93, 1991, S. 64-66.

[VAJN 89]   Vajna S.: Sechs Jahre Erfahrung mit CAD/CAM, Ergebnisse und
             Folgerungen, rechnerintegrierte Produktion, VDI-Z 131 Nr.8, Au-
             gust 1989, S. 43-49.

[VDI 92A]   VDI Technologiezentrum Physikalische Technologien: 3D-Bear-
             beiten mit CO_2-Hochleistungslasern, Tagungsband zur Abschluß-
             präsentation des BMFT-Verbundprojektes, Düsseldorf 1992.

[VDI 92B]   VDI Technologiezentrum Physikalische Technologien: Fügen mit
             CO_2-Hochleistungslasern, Broschüre zur Abschlußpräsentation des
             BMFT-Verbundprojektes, 21.10.1992 in Düsseldorf.

[VDMA 92]   VDMA: Laser for material processing, Maschinenbau Verlag des
             VDMA, Frankfurt/Main, 1992.

[VINK 90]   Vinke : Beitrag zum Lasertrennen und dessen Aerosolemissionen
             bei Eisenwerkstoffen, Forschungsbericht , VDI Reihe 5 Nr. 204,
             VDI Verlag, Düsseldorf 1990.

[VW 89]   Vom Polo bis zum Transporter, Drei Portalroboter sorgen bei VW
              für den 3D-Schnitt, Laser Juni 1989.

[WAHL 90]   Wahl R., Bloehs, Dausinger F.: Genauigkeitsanforderungen beim
              Laserstrahlschweißen mit Industrierobotern in: W. Waidelich,
              (Hrsg.): Laser und Optoelektronik, 9. Int. Kongreß München 1989,
              Springer Verlag, Berlin 1990.

[WAHL 91]   Wahl R.: Fehlertolerantes Laserschweißen von Tiefziehteilen, Bän-
              der Bleche Rohre 2 (1991), S. 45-49.

[WARN 87]   Warnecke H.J., Mertens P.: CAD/CAM-Kopplung unter Einbezie-
              hung der Technologieplanung, rechnerintegrierte Produktion, VDI-
              Z Bd. 129 Nr.5, Mai 1987, S. 48-51.

[WARN 90]   Warnecke H.J., König M.P., Hardock G.P.: Neues externes Strahl-
              führungssystem für das Schneiden und Schweißen mit CO_2-Lasern,
              Optik Elektronik Magazin 6 Nr.2, (1990), S. 150-158.

[WEBE 88]   Weber H.: Laserresonatoren und Strahlqualität, Laser und Opto-
              elektronik, 2/88.

[WECK 91]   Weck M., Friedrich A.: NC-Verfahrenskette zur Arbeit der Kom-
              mission Computer Integrated Manufacturing (KCIM) im Deut-
              schen Institut für Normung e.V. (DIN) - Die Companion Standards
              zu MMS, VDI-Z 133 Nr.10, Oktober 1991, S. 64-67.

[WEID 90]   CA Weidmüller GmbH & Co: Technische Dokumentation "Motor-
              steuerung Typ 751", Unternehmensbereich Sensorik, Juni 1990,
              Detmold.

[WEI 92]   Wei-Tai Lei.: Flächenorientierte Steuerdatenaufbereitung für das
              fünfachsige Fräsen, Springer Verlag, Berlin, Heidelberg 1992.

[WIRT 90]   Wirt, Eversheim W., Dahl B., Marczinski G., Holland M.: CAD-
              Systeme und NC-Programmiersysteme koppeln, rechnerunterstütz-
              te Konstruktion und Planung, ZwF 85, Carl Hanser Verlag, Mün-
              chen 1990, S. 267-271.

[WOEN 93]   Rechnergestütztes System zur automatischen Layoutoptimierung,
              Dissertation TU München, 1993.

[WOLL 92]   Wollermann-Windgasse R.: Neue Industrielaser-Konzepte, Europe-
              an Laser Marketplace '92, Einladung zum Dialog, Highlander
              Congress + PR, 1992.

[WRBA 90]   Wrba P.: Simulation als Werkzeug in der Handhabungstechnik,
              iwb Forschungsberichte 25, Springer Verlag, Berlin 1990.

[ZEIS 88]   Zeiss-Software-Information, Messen und Digitalisieren von Frei-
              formflächen, 1988.

iwb Forschungsberichte

Berichte aus dem Institut für Werkzeugmaschinen und Betriebswissenschaften
der Technischen Universität München

Herausgeber: Prof. Dr.-Ing. J. Milberg

---

1 Streifinger, E.
Beitrag zur Sicherung der Zuverlässigkeit und Verfügbarkeit
moderner Fertigungsmittel
1986. 72 Abb. 167 Seiten, ISBN 3-540-16391-3   68,– DM

2 Fuchsberger, A.
Untersuchung der spanenden Bearbeitung von Knochen
1986. 90 Abb. 175 Seiten, ISBN 3-540-16392-1   68,– DM

3 Maier, C.
Montageautomatisierung am Beispiel des Schraubens mit
Industrierobotern
1986. 77 Abb. 144 Seiten, ISBN 3-540-16393-X   68,– DM

4 Summer, H.
Modell zur Berechnung verzweigter Antriebsstrukturen
1986. 74 Abb. 197 Seiten, ISBN 3-540-16394-8   68,– DM

5 Simon, W.
Elektrische Vorschubantriebe an NC-Systemen
1986. 141 Abb. 198 Seiten, ISBN 3-540-16693-9   68,– DM

6 Büchs, S.
Analytische Untersuchungen zur Technologie der Kugelbearbeitung
1986. 74 Abb. 173 Seiten, ISBN 3-540-16694-7   68,– DM

7 Hunzinger, I.
Schneiderodierte Oberflächen
1986. 79 Abb. 162 Seiten, ISBN 3-540-16695-5   68,– DM

8 Pilland, U.
Echtzeit-Kollisionsschutz an NC-Drehmaschinen
1986. 54 Abb. 127 Seiten, ISBN 3-540-17274-2   68,– DM

9 Barthelmeß, P.
Montagegerechtes Konstruieren durch die Integration
von Produkt- und Montageprozeßgestaltung
1987. 70 Abb. 144 Seiten, ISBN 3-540-18120-2   68,– DM

10 Reithofer, N.
Nutzungssicherung von flexibel automatisierten Produktionsanlagen
1987. 84 Abb. 176 Seiten, ISBN 3-540-18440-6   68,– DM

11 Diess, H.
Rechnerunterstützte Entwicklung flexibel automatisierter
Montageprozesse
1988. 56 Abb. 144 Seiten, ISBN 3-540-18799-5   73,– DM

12 Reinhart, G.
Flexible Automatisierung der Konstruktion
und Fertigung elektrischer Leitungssätze
1988, 112 Abb. 197 Seiten, ISBN 3-540-19003-1   73,- DM

13 Bürstner, H.
Investitionsentscheidung in der rechnerintegrierten Produktion
1988, 77Abb. 190 Seiten, ISBN 3-540-19099-6   73,- DM

14 Groha, A.
Universelles Zellenrechnerkonzept für flexible Fertigungssysteme
1988, 74 Abb. 153 Seiten, ISBN 3-540-19182-8   73,- DM

15 Riese, K.
Klipsmontage mit Industrierobotern
1988, 92 Abb. 150 Seiten, ISBN 3-540-19183-6   73,- DM

16 Lutz, P.
Leitsysteme für rechnerintegrierte Auftragsabwicklung
1988, 44 Abb. 144 Seiten, ISBN 3-540-19260-3   73,- DM

17 Klippel, C.
Mobiler Roboter im Materialfluß eines flexiblen Fertigungssystems
1988, 86 Abb. 164 Seiten, ISBN 3-540-50468-0   73,- DM

18 Rascher, R.
Experimentelle Untersuchungen zur Technologie der Kugelherstellung
1989, 110 Abb. 200 Seiten, ISBN 3-540-51301-9   73,- DM

19 Heusler, H.-J.
Rechnerunterstützte Planung flexibler Montagesysteme
1989, 43 Abb. 154 Seiten, ISBN 3-540-51723-5   73,- DM

20 Kirchknopf, P.
Ermittlung modaler Parameter aus Übertragungsfrequenzgängen
1989, 57 Abb. 157 Seiten, ISBN 3-540-51724   73,- DM

21 Sauerer, Ch.
Beitrag für ein Zerspanprozeßmodell Metallbandsägen
1990, 89 Abb. 166 Seiten, ISBN 3-540-51868-1   78,- DM

22 Karstedt, K.
Positionsbestimmung von Objekten in der Montage-
und Fertigungsautomatisierung
1990, 92 Abb. 157 Seiten, ISBN 3-540-51879-7   78,- DM

23 Peiker, St.
Entwicklung eines integrierten NC-Planungssystems
1990, 66 Abb. 180 Seiten, ISBN 3-540-51880-0   78,- DM

24 Schugmann, R.
Nachgiebige Werkzeugaufhängungen für die automatische Montage
1990. 71 Abb. 155 Seiren, ISBN 3-540-52138-0   78,- DM

25 Wrba, P
Simulation als Werkzeug in der Handhabungstechnik
1990, 125 Abb., 178 Seiten, ISBN 3-540-52231-X   78,- DM

26 Eibelshäuser, P.
Rechnerunterstützte experimentelle Modalanalyse
mitells gestufter Sinusanregung
1990, 79 Abb., 156 Seiten, ISBN 3-540-52451-7   78,- DM

27 Prasch, J.
Computerunterstützte Planung von chirurgischen Eingriffen
in der Orthopädie
1990, 113 Abb., 164 Seiten, ISBN 3-540-52543-2   78,- DM

28 Teich, K.
Prozeßkommunikation und Rechnerverbund in der Produktion
1990, 52 Abb., 158 Seiten, ISBN 3-540-52764-8   78,- DM

29 Pfrang, W.
Rechnergestützte und graphische Planung manueller
und teilautomatisierter Arbeitsplätze
1990, 59 Abb., 153 Seiten, ISBN 3-540-52829-6   78,- DM

30 Tauber, A.
Modellbildung kinematischer Stukturen
als Komponente der Montageplanung
1990, 93 Abb., 190 Seiten, ISBN 3-540-52911-X   78,- DM

31 Jäger, A.
Systematische Planung komplexer Produktionssysteme
1991, 75 Abb., 148 Seiten, ISBN 3-540-53021-5   78,- DM

32 Hartberger, H.
Wissensbasierte Simulation komplexer Produktionssysteme
1991, 58 Abb., 154 Seiten, ISBN 3-540-53326-5   78,- DM

33 Tuczek H.
Inspektion von Karosseriepreßteilen auf Risse und Einschnürungen
mittels Methoden der Bildverarbeitung
1992, 125 Abb., 179 Seiten, ISBN 3-540-53965-4   88,- DM

34 Fischbacher, J.
Planungsstrategien zur strömungstechnischen Optimierung
von Reinraum–Fertigungsgeräten
1991, 60 Abb., 166 Seiten, ISBN 3-540-54027-X   78,- DM

35 Moser, O.
3D–Echtzeitkollisionsschutz für Drehmaschinen
1991, 66 Abb., 177 Seiten, ISBN 3-540-54076-8   78,- DM

36 Naber, H.
Aufbau und Einsatz eines mobilen Roboters mit
unabhängiger Lokomotions- und Manipulationskomponente
1991, 85 Abb., 139 Seiten, ISBN 3-540-54216-7   78,- DM

37 Kupec, Th.
Wissensbasiertes Leitsystem zur Steuerung flexibler Fertigungsanlagen
1991, 68 Abb., 150 Seiten, ISBN 3-540-54260-4   78,- DM

38 **Maulhardt, U.**
Dynamisches Verhalten von Kreissägen
1991, 109 Abb., 159 Seiten, ISBN 3-540-54365-1   78,– DM

39 **Götz, R.**
Stukturierte Planung flexibel automatisierter Montagesysteme
für flächige Bauteile
1991, 86 Abb., 201 Seiten, ISBN 3-540-54401-1   78,– DM

40 **Koepfer, Th.**
3D- grafisch-interaktive Arbeitsplanung – ein Ansatz
zur Aufhebung der Arbeitsteilung
1991, 74 Abb., 126 Seiten, ISBN 3-540-54436-4   78,– DM

41 **Schmidt, M.**
Konzeption und Einsatzplanung flexibel automatisierter
Montagesysteme
1992, 108 Abb., 168 Seiten, ISBN 3-540-55025-9   88,– DM

42 **Burger, C.**
Produktionsregelung mit entscheidungsunterstützenden
Informationssystemen
1992, 94 Abb., 186 Seiten, ISBN 5-540- 55187-5   88,– DM

43 **Hoßmann, J.**
Methodik zur Planung der automatischen Montage von nicht
formstabilen Bauteilen
1992, 73 Abb., 168 Seiten, ISBN 3-540-5520-0   88,– DM

44 **Petry, M.**
Systematik zur Entwicklung eines modularen Programm-
baukastens für robotergeführte Klebeprozesse
1992, 106 Abb., 139 Seiten ISBN 3-540-55374-6   88,– DM

45 **Schönecker, W.**
Integrierte Diagnose in Produktionszellen
1992, 87 Abb., 159 Seiten, ISBN 3-540-55375-4   88,– DM

46 **Bick, W.**
Systematische Planung hybrider Montagesyste unter
Berücksichtigung der Ermittlung des optimalen Automatisierungsgrades
1992, 70 Abb., 156 Seiten ISBN 3-540-55377-0   88,– DM

47 **Gebauer, L.**
Prozeßuntersuchungen zur automatisierten Montage
von optischen Linsen
1992, 84 Abb., 150 Seiten, ISBN 3-540- 55378-9   88,– DM

48 **Schrüfer, N.**
Erstellung eines 3D–Simulationssystems zur Reduzierung
von Rüstzeiten bei der NC–Bearbeitung
1992, 103 Abb., 161 Seiten, ISBN 3-540-55431-9   88,– DM

49 **Wisbacher, J.**
Methoden zur rationellen Automatisierung der Montage
von Schnellbefestigungselementen
1992, 77 Abb., 176 Seiten, ISBN 3-540-55512-9   88,– DM

50 **Garnich. F.**
Laserbearbeitung mit Robotern
1992, 110 Abb., 184 Seiten, ISBN 3-540- 55513-7   88,– DM

51 Eubert, P.
Digitale Zustandsregelung elektrischer Vorschubantriebe
1992, 89 Abb., 159 Seiten, ISBN 3-540-44441-2   88,- DM

52 Glaas, W.
Rechnerintegrierte Kabelsatzfertigung
1992, 67 Abb., 140 Seiten, ISBN 3-540-55749-0   88,- DM

53 Helml, H.J.
Ein Verfahren zur on-line Fehlererkennung und Diagnose
1992, 60 Abb., 153 Seiten, ISBN 3-540-55750-4   88,- DM

54 Lang, Ch.
Wissensbasierte Unterstützung der Verfügbarkeitsplanung
1992, 75 Abb., 150 Seiten, ISBN 3-540-55751-2   88,- DM

55 Schuster, G.
Rechnergestütztes Planungssystem für die flexibel
automatisierte Montage
1992, 67 Abb., 135 Seiten, ISBN 3-540-55830-6   88,- DM

56 Bomm, H.
Ein Ziel- und Kennzahlensystem zum Investitionscontrolling
komplexer Produktionssysteme
1992, 87 Abb., 195 Seiten, ISBN 3-540-55964-7   88,- DM

57 Wendt, A.
Qualitätssicherung in flexibel automatisierten Montagesystemen
1992, 74 Abb., 179 Seiten, ISBN 3-540-56044-0   88,- DM

58 Hansmaier, H.
Rechnergestütztes Verfahren zur Geräuschminderung
1993, 67 Abb., 156 Seiten, ISBN 3-540-56043-2   88,- DM

59 Dilling, U.
Planung von Fertigungssystemen unterstützt
durch Wirtschaftlichkeitssimulation
1993, 72 Abb., 146 Seiten, ISBN 3-540-56307-5   88,- DM

60 Strohmayr, R.
Rechnergestützte Auswahl und Konfiguration
von Zubringeeinrichtungen
1993, 80 Abb., 152 Seiten, ISBN 3-540-56652-X   88,- DM

61 Glas, J.
Standardisierter Aufbau anwendungsspezifischer
Zellenrechnersoftware
1993, 80 Abb., 145 Seiten, ISBN 3-540-56890-5   88,- DM

62 Stetter, R.
Rechnergestützte Simulationswerkzeuge zur
Effizienzsteigerung des Industrierobotereinsatzes
1994, 91 Abb., 146 Seiten, ISBN 3-540-568891   88,- DM

63 Dirndorfer, A.
Robotersysteme zur förderbandsynchronen Montage
1993, 76 Abb, 144 Seiten, ISBN 3-540-57031-4   88,- DM

64 Wiedemann, M.
Simulation des Schwingungsverhaltens spanender Werkzeugmaschinen
1993, 81 Abb., 137 Seiten, ISBN 3-540-57177-9   88,- DM

65 Woenckhaus, Ch.
Rechnergestütztes System zur automatisierten 3D-Layoutoptimierung
1994, 81 Abb., 140 Seiten, ISBN 3-540-57284-8   88,- DM

66 Kummetsteiner, G.
3D-Bewegungssimulation als integratives Hilfsmittel zur Planung
manueller Montagesysteme
1994, 62 Abb.; 146 Seiten, ISBN 3-540-57535-9   88,- DM

67 Kugelmann, F.
Einsatz nachgiebiger Elemente zur wirtschaftlichen Automatisierung
von Produktionssystemen
1993, 76 Abb., 144 Seiten, ISBN 3-540-57549-9   88,- DM

68 Schwarz, H.
Simulationsgestützte CAD/CAM-Kopplung für die 3D-Laserbearbeitung
mit integrierter Sensorik
1994, 96 Abb., 148 Seiten, ISBN 3-540-57577-4   88,- DM